APRENDIENDO MATEMÁTICAS A TRAVÉS DE LAS ARTES VISUALES Y LOS PROYECTOS MANUALES

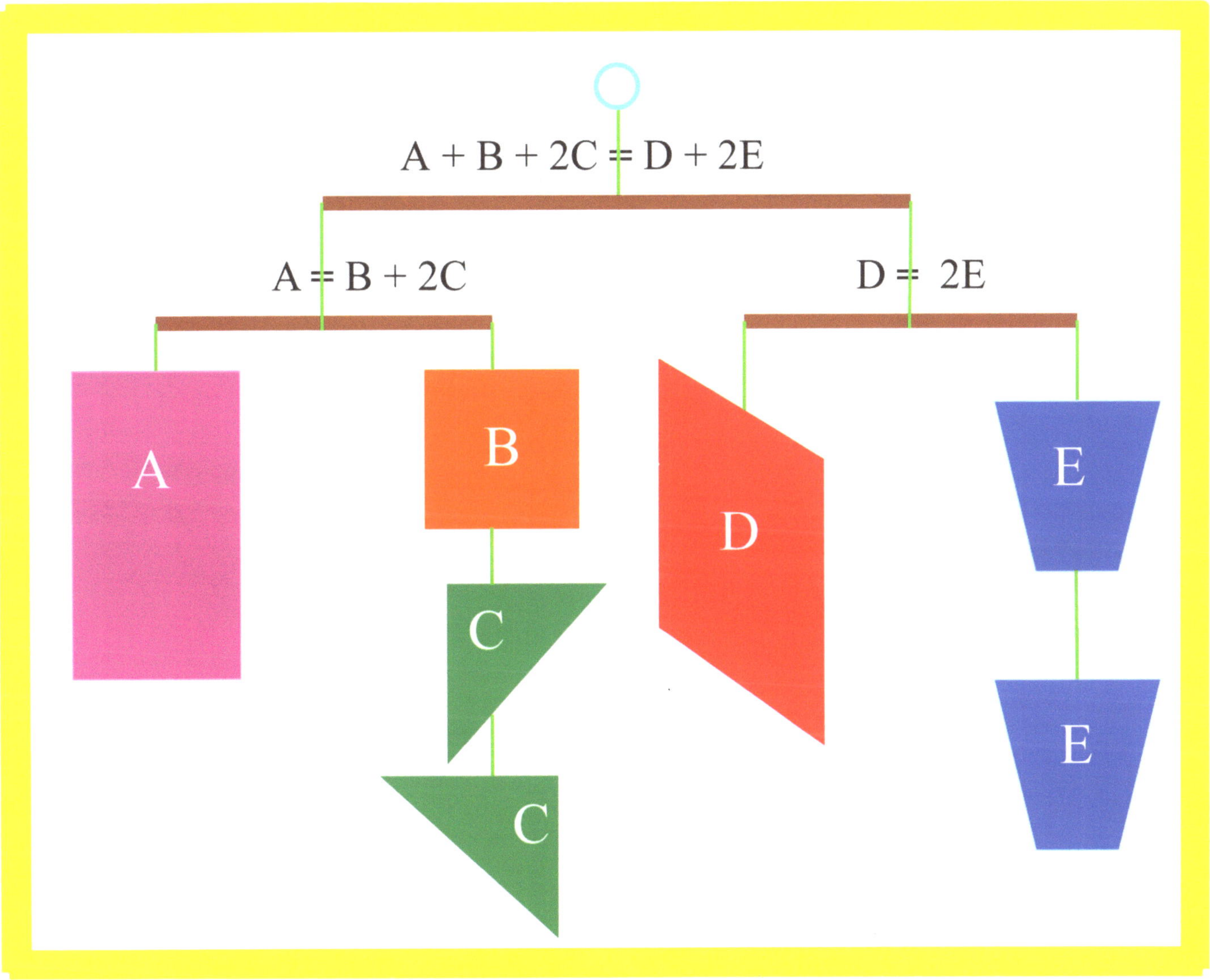

JAVIER S. GUERRERO
Spring Valley, California, 2004

Copyright © 2010 by Javier S. Guerrero. 32825-GUER
ISBN: Softcover   978-1-4257-0722-4

All rights reserved. No part of this book may be reproduced or transmitted in any form or by any means, electronic or mechanical, including photocopying, recording, or by any information storage and retrieval system, without permission in writing from the copyright owner.

This book was printed in the United States of America.

To order additional copies of this book, contact:
Xlibris Corporation
1-888-795-4274
www.Xlibris.com
Orders@Xlibris.com

ÍNDICE

INTRODUCCIÓN
A. Yo amo mi escuela y a mis estudiantes
B. Diferentes formas de aprendizaje

COMPRENSIÓN DE LOS NÚMEROS

1. Escribiendo cantidades
2. El valor posicional de los números y escribiendo cantidades decimales
3. Números Romanos y proyecto
4. Redondeando cantidades
5. El bosque de la factorización
6. Reglas de divisibilidad
7. Gran factor común y mínimo común denominador
8. Suma y resta de fracciones
9. Multiplicación y división de fracciones
10. Trabajando con fracciones y números mixtos
11. Números mixtos-suma y resta
12. Números mixtos-multiplicación y división
13. Proporción y fracciones equivalentes
14. Decimales, fracciones y porcentajes
15. Porcentajes de incremento y disminución
16. Exponentes y raíces de 10
17. Anotación científica
18. Vocabulario de operaciones básicas
19. Propiedades de operaciones
21. Orden de operaciones
22. Ejemplos en color de orden de operaciones
23. Los sets de números
24. El set de números positivos y negativos
25. Suma de números positivos y negativos
26. Resta de números positivos y negativos
27. Multiplicación y división de números positivos y negativos

ESTADÍSTICA Y PROBABILIDAD

28. Hoja de recolección de datos
29. Diagrama de tallo y hoja
30. Gráfica de correlación de datos
31. Gráfica de barras
32. Diagrama de caja
33. Gráfica de círculo
34. Gráfica de línea
35. Posibilidades y probabilidades
36. Experimento de probabilidades
37. Creación de un juego basado en probabilidades

MEDIDAS

38. Midiendo usando la regla-proyecto
39. Entendiendo las unidades de área
40. Sistema métrico
41. Tabla de unidades de conversión
42. La máquina de conversión de unidades

LA PIRÁMIDE DE APRENDIZAJE

GEOMETRÍA

43. Polígonos regulares
44. Pentágono- proyecto
45. Rectángulo-descubriendo fórmulas
46. Triángulos-descubriendo fórmulas
47. Paralelogramo-descubriendo su fórmula
48. Trapezoide-descubriendo su fórmula
49. Clasificación de los triángulos
50. El teorema de Pitágoras
51. Círculo.
52. Área de superficie
53. Volumen de prismas y pirámides
54. Cilindro
55. Cono y cilindro

ÁLGEBRA

56. El móvil
57. El lenguage del álgebra
58. Suma de ecuaciones móvil
59. Multiplicacion de ecuaciones-**móvil**
60. Solución de ecuaciones simples
61. Solución de ecuaciones con desigualdades
62. Escribiendo expresiones algebraicas
63. Sumas en álgebra
64. Multiplicaciones en álgebra
65. Divisiones en álgebra
66. Operaciones exponenciales en álgebra
67. Exponentes-reglas y ejemplos
68. Ecuaciones de dos pasos con multilicación
69. Ecuaciones de dos pasos con división
70. Ecuaciones de dos pasos con términos iguales
71. Ecuaciones de dos pasos con términos iguales y fracciones
72. El plano de coordenadas
73. Ecuaciones Lineales
74. Funciones
75. Descubriendo secuencias numéricas

Yo ♥ a mi escuela y a mis estudiantes

Mis estudiantes son como velas que vienen en diferentes medidas, colores, y formas pero todos tienen la capacidad para alumbrar y aprender. A su edad, ellos están cambiando cada dia y sus estados de ánimo varía de momento a momento. Ellos llegan con una gran variedad de habilidades y conocimiento de las matemáticas, y con diferentes estilos de aprendizaje.

Yo he sido maestro de matemáticas a nivel secundaria por más de quince años y me encanta. Sin embargo, no fue amor a primera vista. Mi vida como educador comenzó en 1969 enseñando Arquitectura a nivel universitario en México. Después de emigrar a los Estados Unidos trabajando en el sector privado , hice otro cambio de carrera. Cuando yo comencé a enseñar al nivel de escuela secundaria, estaba muy motivado y entusiasmado; tomé el libro de texto que me fue dado por la escuela y empecé a revisar los diferentes capítulos de acuerdo a la currícula y pensé que estaba haciendo mi mejor esfuerzo para hacer la diferencia en la vida de mis estudiantes. Muy pronto descubrí que muchos de mis estudiantes venían a la clase con muy pobres habilidades matemáticas . Ellos tenían dificultad para entender la información básica en el libro y se quejaban de estar aburridos. Los resultados de los exámenes mostraban que no estaban aprendiendo mucho. Después de reflexionar en el problema, decidí hacer un cambio en mi forma de enseñar y comencé a escribir las lecciones que ahora son parte de "APRENDIENDO MATEMÁTICAS A TRAVÉS DE LAS ARTES VISUALES Y LOS PROYECTOS MANUALES". Para mi sorpresa, la situación en mis clases comenzó a cambiar. Mis estudiantes estaban felices de venir a mis clases. Ellos se mostraron interesados, su comportamiento mejoró, pero mas importante ¡ellos estaban aprendiendo! Los proyectos en este libro los he desarrollado y refinado durante mis años enseñando. Cada proyecto refleja mi entrenamiento en artes visuales y escultura que recibí como Arquitecto. Los he usado y continúo usando en mis clases ¡y funcionan! Yo escribí este libro para mis estudiantes, porque creo firmemente que el conocimiento de de las matemáticas es la llave para el exito de su futuro académico.

Javier S. Guerrero

…a mi esposa Carol y a mi familia

Con agradecimiento a mi asesora de lenguaje Lily Dada

Diferentes formas de aprendizaje…

Yo escuché que un PENTÁGONO REGULAR es un polígono con cinco lados iguales, y yo entiendo que algunos estudiantes pueden aprender tan sólo ESCUCHANDO

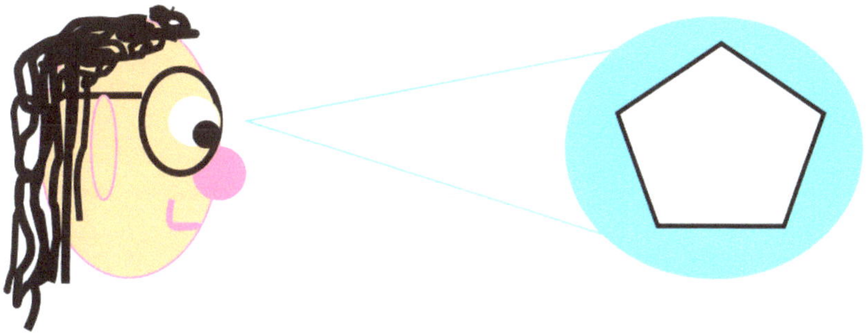

Pero yo entiendo mejor si veo uno. Yo aprendo VISUALMENTE

Yo siempre recuerdo si hago. Yo aprendo mejor a través de PROYECTOS MANUALES Si nosotros ponemos varios pentágonos juntos, podemos crear una figura volumétrica. NOS ENCANTA DESCUBRIR

¿Una pelota?

Este libro está diseñado para hacer fácil y divertido el aprendizaje de las matemáticas, a través del uso de colores, gráficas, y proyectos manuales.

B

ESCRIBIENDO CANTIDADES...como escribiendo nombres

Las CANTIDADES pueden tener hasta tres nombres y un apellido entre comas (,) y antes del punto decimal (.)

Nombre	CANTIDADES			
	Cifra	Centenas	Decenas	Unidades
Jose Luis Pablo	1,386,214	trescientos	ochenta	y seis
Luis Pablo	1,086,214		ochenta	y seis
Pablo	1,006,214			seis

Yo entiendo como escribir los nombres, pero ¿como escribo el apellido de las cifras?

El apellido depende de la posición de cada cifra en relación con el punto decimal. Fíjate en el ejemplo:

Ejemplo de como escribir los **APELLIDOS**:

trillones , billones , millones , millares , unidades .

3 4 6 , 2 9 7 , 8 7 5 , 6 0 4 , 0 0 9

346 trillones, 297 billones, 875 millones, 604 millares, 009 unidades

Existe un PUNTO DECIMAL FANTASMA cuando no hay decimales

La cantidad escrita: Trescientos cuarenta y seis trillones, doscientos noventa y siete billones, ochocientos setenta y cinco millones, seiscientos cuatro millares, nueve unidades

Nota: si tenemos números después del punto decimal, usamos **"con"** antes de nombrar la cantidad decimal (ver la página 2 escribiendo decimales)

Escribiendo cantidades con números decimales

Fíjate abajo en la **TABLA DE VALOR POSICIONAL**, cada dígito a la derecha del punto decimal tiene un nombre especial.

1. Leé y/o escribe la cantidad de números enteros usando la estrategia de nombre(s) y apellido. (Pagina 1)
2. Recuerda leer y/o escribir **con** ó **y** representando **el punto decimal.**
3. Leé y/o escribe los numeros decimales como si fueran otra cantidad de numeros enteros y **termina el párrafo con el nombre especial del último dígito.**

		Dígito	Nombre
TRILLONES		2	CENTENA de TRILLONES
		5	DECENA de TRILLONES
		1	TRILLONES
BILLONES		7	CENTENA de BILLONES
		0	DECENA de BILLONES
		4	BILLONES
MILLONES		9	CENTENA de MILLONES
		6	DECENA de MILLONES
		3	MILLONES
MILLARES		0	CENTENA de MILLARES
		0	DECENA de MILLARES
		8	MILLARES
UNIDADES		2	CENTENAS
		7	DECENAS
		6	UNIDADES
NÚMEROS DECIMALES		9	DÉCIMAS
		2	CENTÉSIMAS
		5	MILÉSIMAS
		3	DIEZ MILÉSIMAS
		1	CIEN MILÉSIMAS

251 Trillones, 704 Billones, 963 Millones, 008 Millares, 276 unidades **con** 6 **y** 92 mil, 531 **cien milésimas**

NÚMEROS ROMANOS

Los dígitos Romanos son: I = 1   X = 10   C = 100   M = 1000
                          V = 5   L = 50   D = 500   V̄ = 5000

Leé los NÚMEROS ROMANOS de izquierda a derecha. Ejemplos:
MCXI = 1111, **DLV** = 555, **CLI** = 151, **MV** = 1005, **XI** = 11

Una barra arriba de cualquier dígito representa 1000 veces el valor del dígito

Los Romanos nos enseñaron los principios de las operaciones:

Suma.- Los dígitos romanos: **I, X, C, M**, se pueden repetir hasta tres veces sumando sus valores de izquierda a derecha:
II = 2, **III** = 3, **XX** = 20, **XXX** = 30, **CC** = 200, **CCC** = 300,
M = 1000, **MM** = 2000, **MMM** = 3000

Resta.- Los dígitos romanos: **I, X, C**, se restan escribiéndolos a la izquierda de otro dígito con mayor valor:
IV = 4, **IX** = 9, **XL** = 40, **XLIX** = 49, **XC** = 90, **XCIX** = 99, **CD** = 400
CDXCIX = 499, **CM** = 900, **CMXCIX** = 999, **MCMXCIX** = 1999

DÍGITOS ALREDEDOR DEL MUNDO son muy interesantes. Usando papel de color e hilo construye un proyecto que te ayudará a recordar y entender como funcionan los dígitos de otras culturas.

¿Puedes tú crear tus propios dígitos?

…es tiempo de que desarrolles tu capacidad de pensar!

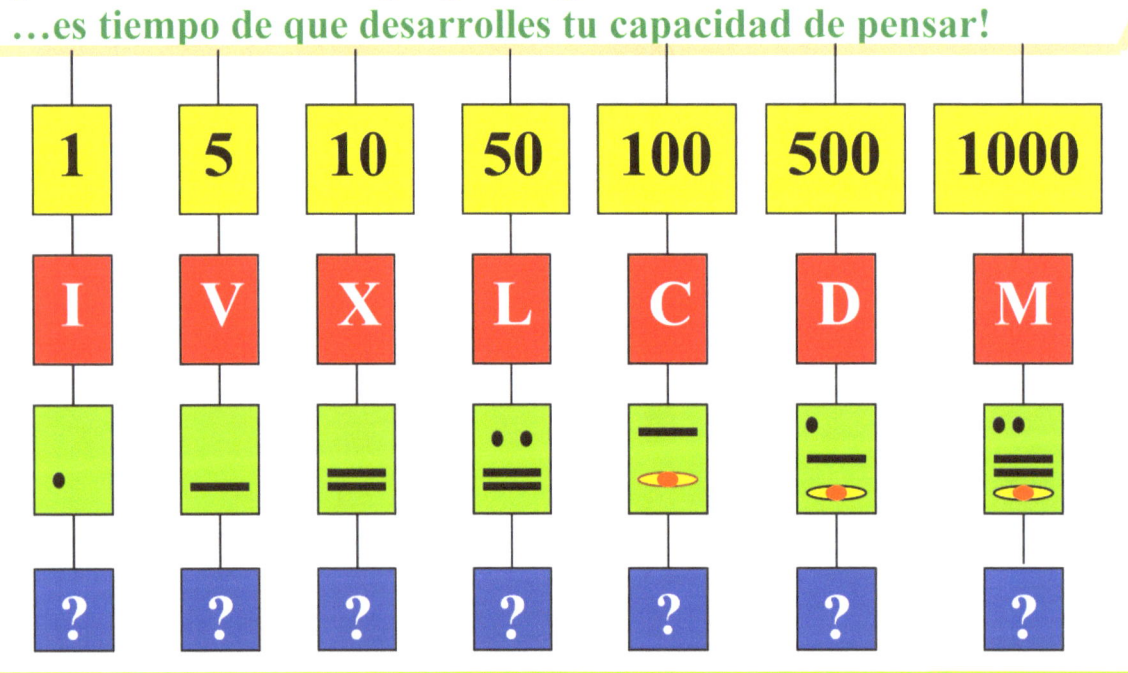

En verde ejemplos de LOS DÍGITOS MAYAS utilizando: el punto, la barra y ⬭

REDONDEANDO CANTIDADES

Vamos a usar la analogía con un semáforo para ayudarnos a entender como redondear cifras.

Son números chicos - ALTO

redondea hacia abajo

Son números grandes - ADELANTE

redondea hacia arriba

Ejemplos de redondeo de cantidades hacia abajo y hacia arriba :

29,451 a la DECENA más cercana = 29,450

Cuando redondeando hacia abajo 29,451 ALTO! la unidad a redondear no cambia y los numeros a la derecha se convierten en 0

8,360 a la CENTENA más cercana = 8,400

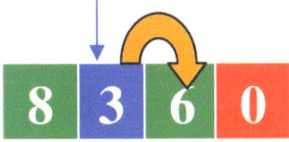

Redondeando hacia arriba 8,360 AUMENTA 1 a la unidad que estas redondeando   8,360
                                                                              +   1
                                                                              ─────
y recuerda que los números a la derecha se vuelven 0   8,400

Pasos básicos para redondear cantidades:
 a) ENTIENDE LA PREGUNTA y encuentra el número a redondear usando tu tabla de valor posicional.
 b) Fíjate en el número a la derecha de la unidad a redondear.
 c) Redondea la cantidad hacia arriba ó hacia abajo , basándote en el número grande ó pequeño a la derecha de la unidad a redondear, recordando que los números a la derecha del número redondeado se convierten en cero.

EL BOSQUE DE LA FACTORIZACIÓN

HACE ALGUN TIEMPO EXISTIO UN BOSQUE...

En el bosque viven los números…y existen dos clubes de números: **LOS NÚMEROS PRIMOS** que sólo pueden ser divididos por si mismos y por uno, y los **NÚMEROS COMPUESTOS** que tienen mas de dos factores.

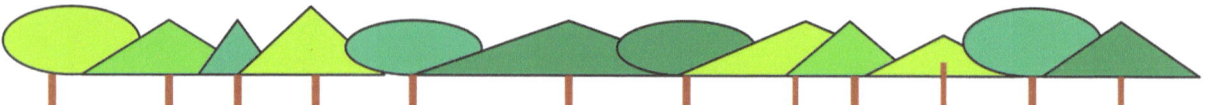

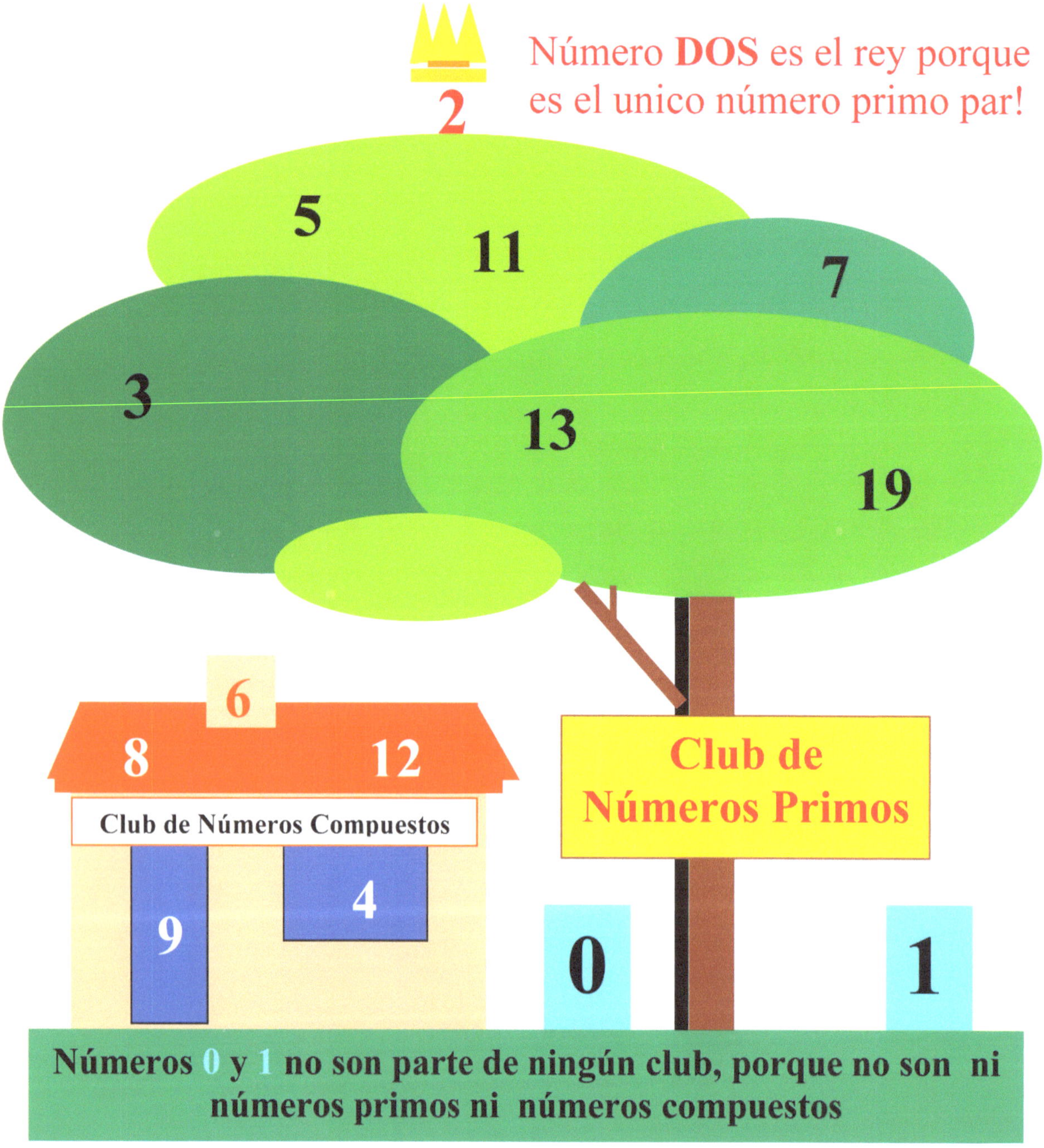

Número **DOS** es el rey porque es el unico número primo par!

Club de Números Primos

Club de Números Compuestos

Números **0** y **1** no son parte de ningún club, porque no son ni números primos ni números compuestos

DIVISIBILIDAD

Lamentablemente los números 0 y 1 estan "tristes", porque no son ni NÚMEROS PRIMOS ni NÚMEROS COMPUESTOS

Pero nosotros si podemos ser parte del CLUB DE NÚMEROS PRIMOS si podemos escribir un número que solo sea divisible por si mismo y por UNO en una hoja de un arbol en el "BOSQUE DE LA FACTORIZACIÓN"… Nosotros podemos saber si un número entero es divisible por otro número entero sin hacer una división, solo siguiendo las reglas de DIVISIBILIDAD

319

Un número entero es divisible entre:
2 si es un número par.
3 si la suma de sus dígitos es divisible entre 3.
   Ejemplo 921 = 9+2+1=12 es divisible entre 3
4 si sus 2 últimos dígitos son divisibles entre 4.
5 si el último dígito es 5 ó 0.
6 si es divisible entre 2 y entre 3.
8 si sus 3 últimos dígitos son divisibles entre 8
9 si la suma de sus dígitos es divisible entre 9
10 si el último dígito es 0

337

Usando las reglas de divisibilidad para hacer la "Factorización de Números Primos"

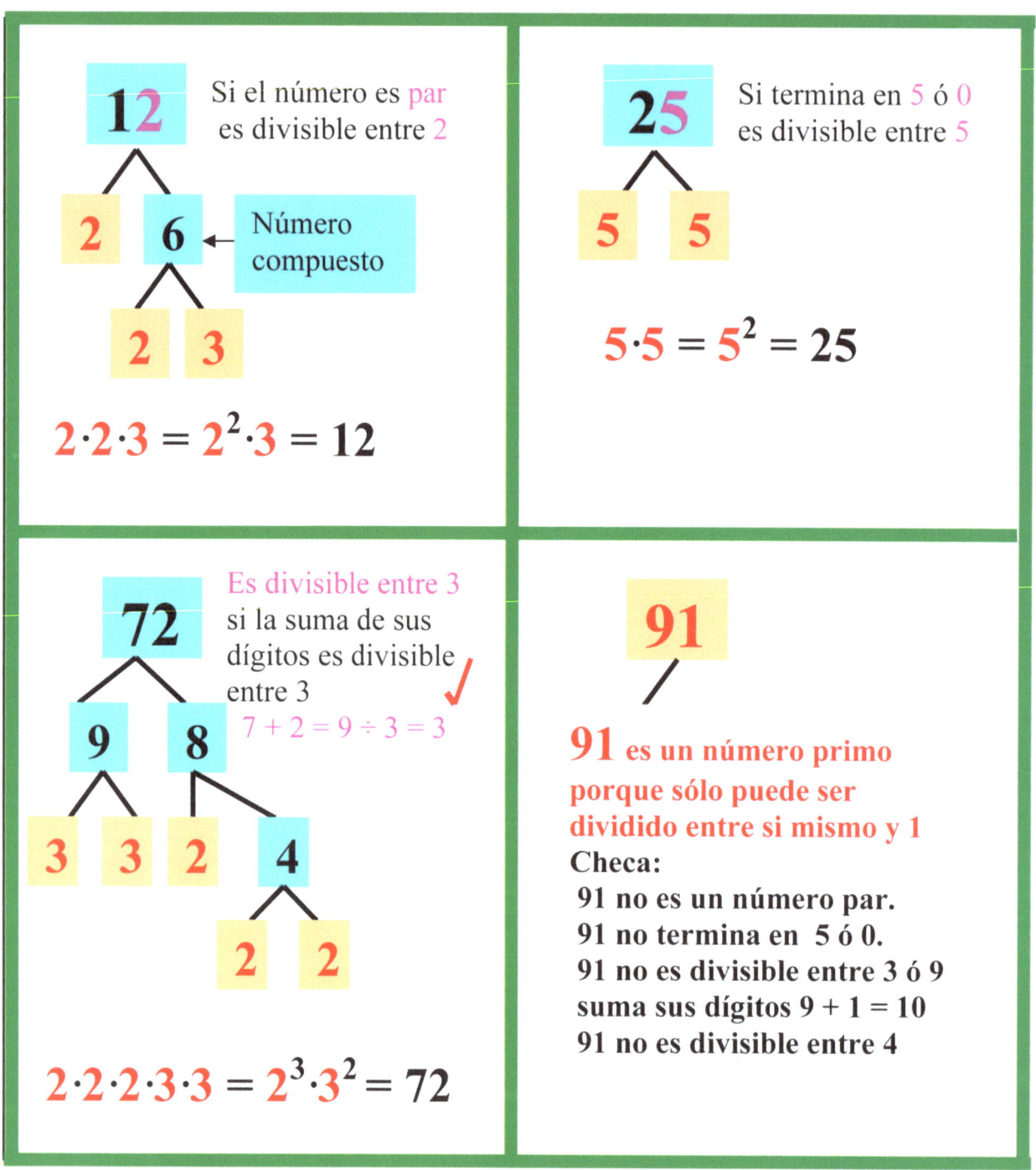

12 — Si el número es par es divisible entre 2

6 ← Número compuesto

$2 \cdot 2 \cdot 3 = 2^2 \cdot 3 = 12$

25 — Si termina en 5 ó 0 es divisible entre 5

$5 \cdot 5 = 5^2 = 25$

72 — Es divisible entre 3 si la suma de sus dígitos es divisible entre 3 ✓
$7 + 2 = 9 \div 3 = 3$

$2 \cdot 2 \cdot 2 \cdot 3 \cdot 3 = 2^3 \cdot 3^2 = 72$

91 es un número primo porque sólo puede ser dividido entre si mismo y 1
Checa:
91 no es un número par.
91 no termina en 5 ó 0.
91 no es divisible entre 3 ó 9
suma sus dígitos 9 + 1 = 10
91 no es divisible entre 4

La factorización de números primos es la clave para encontrar el "Gran Factor Común" y el "Mínimo Común Denominador"

GRAN FACTOR COMÚN "GFC" ("Los gemelos")

Se utiliza para simplificar fracciones. Es fácil sólo sigue los pasos:
- Haz la factorización de números primos del numerador y el denominador.
- Busca los números primos que tengan "gemelos"; pero de cada par de "gemelos" sólo usa uno.
- Si tu tienes mas de un par de números primos "gemelos", multiplica todos los "gemelos", pero recuerda que de cada par de "gemelos" sólo se usa un número. Mira los ejemplos:

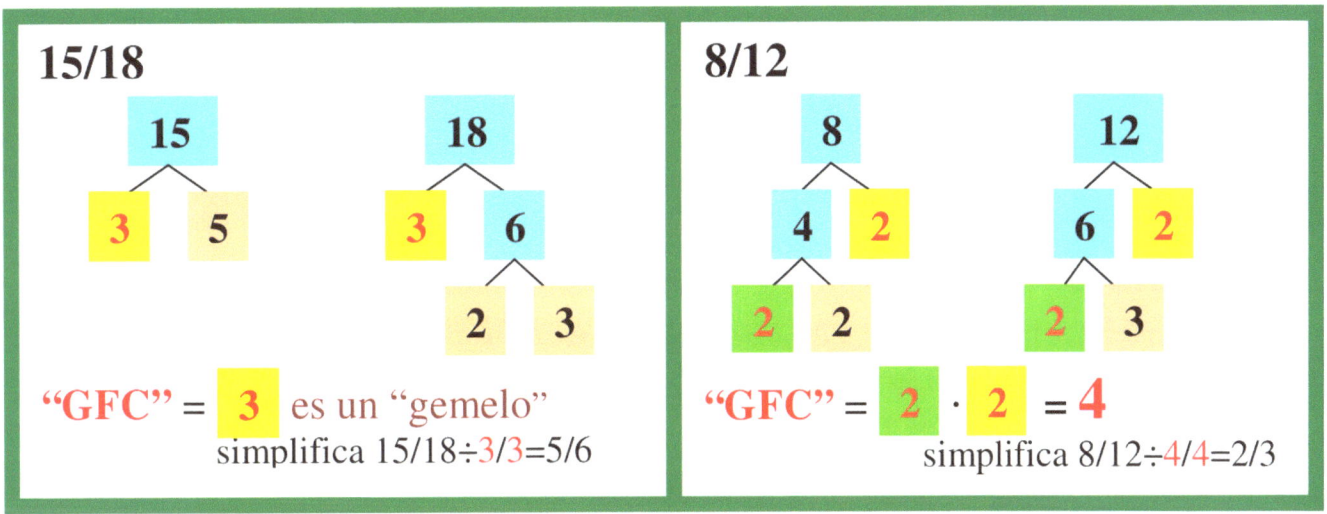

MÍNIMO COMÚN DENOMINADOR "MCD" ("La fiesta")

Es utilizado para sumar y restar fracciones.

(Piensa que los "gemelos" van a tener una fiesta y están invitando a los números primos). Empieza haciendo la factorización de números primos de los denominadores.

Fíjate en el ejemplo: Encuentra el "MCD" para sumar **11/18 + 13/16**

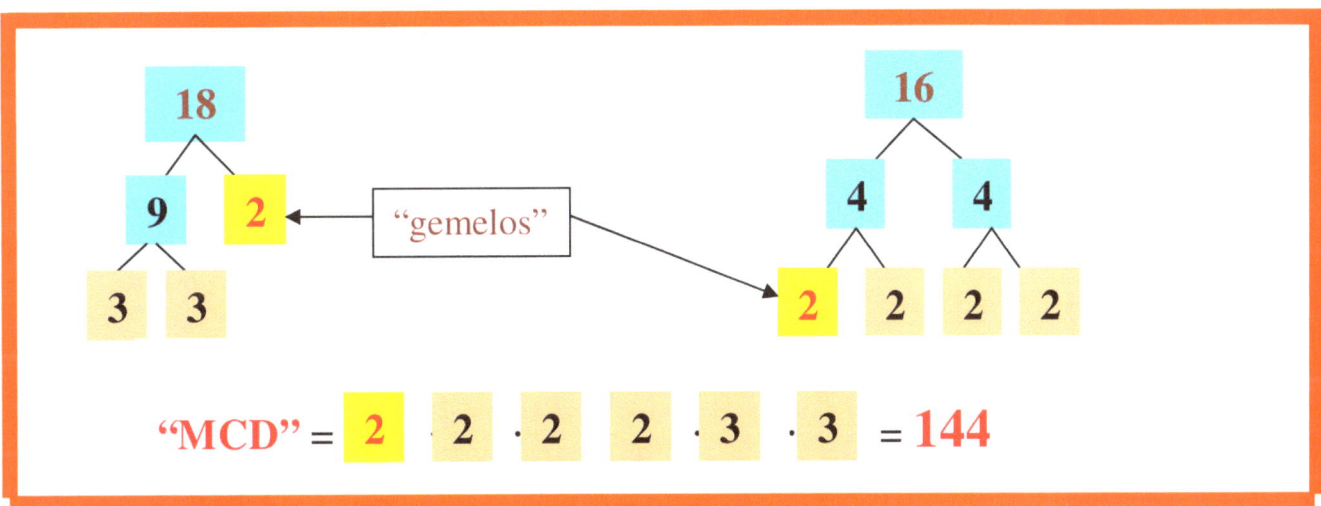

SUMA Y RESTA DE FRACCIONES

SUMA DE FRACCIONES

$$\frac{5}{16} + \frac{7}{18} = \frac{45 + 56}{144} = \frac{101}{144}$$

Pasos para sumar fracciones:
- Encuentra el Mínimo Común Denominador.
  (Mira el ejemplo en la página anterior ("la fiesta")
- Sigue el diagrama de flujo en el ejemplo:
  144÷16·5=45 y 144÷18·7=56, después suma 45+56=101

RESTA DE FRACCIONES

$$\frac{15}{16} - \frac{3}{18} = \frac{135 - 24}{144} = \frac{111}{144}$$

Pasos para restar fracciones:
- Encuentra el Mínimo Común Denominador.
- Sigue el diagrama de flujo en el ejemplo:
  144÷16·15=135 y 144÷18·3=24, después resta 135-24=111

MULTIPLICACIÓN y DIVISIÓN de FRACCIONES

MULTIPLICACIÓN de FRACCIONES

Piensa en los rieles del tren

$$\frac{2}{3} \cdot \frac{3}{4} = \frac{2(3)}{3(4)} = \frac{6}{12}$$

Los pasos para la multiplicación son fáciles:
Multiplica numerador por numerador $2(3)=6$
y denominador por denominador $3(4)=12$

Siempre simplifica tu respuesta cuando sea posible usando el Gran Factor Común "GFC":

$$\frac{6 \div \text{"GFC"}}{12 \div \text{"GFC"}} \quad \frac{6}{6} = \frac{1}{2}$$

DIVISIÓN de FRACCIONES

$$\frac{2}{3} \div \frac{4}{7} = \frac{2}{3} \cdot \frac{7}{4} = \frac{14}{12} = 1\frac{1}{6}$$

Pasos para división de fracciones:
- Voltea de cabeza la segunda fracción
- Cambia la operación de división a multiplicación y sigue los mismos pasos que en la multiplicación de fracciones

Trabajando con Fracciones y Números Mixtos

Escribe…

Un número entero como Fracción

$3 = \dfrac{3}{1}$ ← Fantasma

Es usado para multiplicar Fracciones con números enteros
Ejemplo:

$\dfrac{2}{9}(4) = \dfrac{2}{9} \cdot \dfrac{4}{1} = \dfrac{8}{9}$

Una cantidad con decimales como Número Mixto

$4.2 = 4\dfrac{2}{10}$ — décimas

$5.01 = 5\dfrac{1}{100}$ — centésima

$8.125 = 8\dfrac{125}{1000}$ — milésimas

Cambia…

Cambia una Fracción Impropia a Entero ó Número Mixto

$\dfrac{12}{4} = 3$ **12** > 4 hace que sea una Fracción Impropia

$\dfrac{7}{3} = 2\dfrac{1}{3}$

por $3\overline{)7}$
-6
$\ \ 1$ sobrante

Cambia un Número Mixto a una Fracción

35 mas

$5\dfrac{2}{7} = \dfrac{37}{7}$

por

Usa esta estrategia…
- Antes de multiplicar y dividir Números Mixtos.
- Haciendo operaciones de resta de Números Mixtos cuando sea necesario.

NÚMEROS MIXTOS – Suma y Resta

Suma

Pasos: Suma los números enteros.
Suma las fracciones.
Ponlos juntos.

$$2\tfrac{1}{4} + 5\tfrac{3}{8}$$

$$2+5=7 \quad y \quad \frac{1}{4}+\frac{3}{8}=\frac{2+3}{8} = 7\tfrac{5}{8}$$

Algunas veces cuando se suman las fracciones la respuesta es una fracción impropia:

2 3/4 + 5 3/8 = 7 9/8 = 9/8 = 1 1/8 = 7 + 1 1/8 = 8 1/8

y es necesario cambiala a numero mixto para encontrar la respuesta final.

Resta

Nota: Checar si los números mixtos puden ser restados tal como estan; si no... aprende el pequeño truco de la fracción mayor:

es mayor que ... así que pueden ser restados tal como están
5/6 > 2/3

Pasos: Resta los números entereos.
Resta las fracciones.
Ponlos juntos.

2−1=1 y 5/6 − 2/3 = 1/6 así que la respuesta final es 1 1/6

es menor que (1/2 < 3/4) ... así que aquí viene el truco:

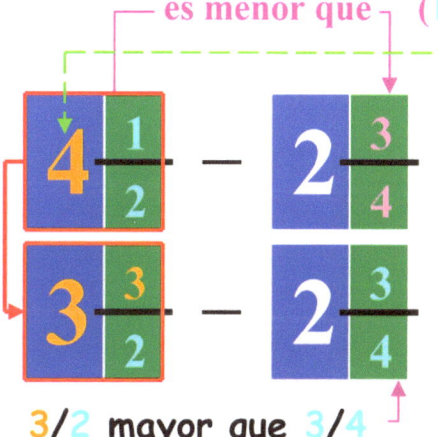

Es necesario **cambiar un entero por una fracción** del primer número mixto 4½,
4½ = 3+(1+½) donde (1+½) = 3/2
para que la primera fracción sea mayor
¡Ahora ya se pueden restar los números mixtos siguiendo los pasos normales!
Enteros: 3−2=1
Restando la fraccion 3/2−3/4=3/4
Respuesta 1 3/4

3/2 mayor que 3/4

NÚMEROS MIXTOS – Multiplicación y División

Multiplicación

Pasos:
- Cambia los Números Mixtos a fracciones.
- Multiplica las fracciones.
- Cambia tu respuesta a Número Mixto

$$6\frac{1}{2} \left(2\frac{3}{5}\right) \quad \rightarrow \quad \frac{13}{2} \cdot \frac{13}{5} = \frac{169}{10} = 16\frac{9}{10}$$

División

Pasos:
- Cambia los Números Mixtos a Fracciones.
- Voltea la segunda fracción de cabeza.
- Cambia la operación de división a multiplicación.

$$6\frac{4}{5} \div 2\frac{3}{8} \quad \rightarrow \quad \frac{34}{5} \div \frac{19}{8} = \frac{34}{5} \cdot \frac{8}{19} = \frac{272}{95}$$

Simplifica la fracción impropia 272÷95 = **2 82/95**

PROPORCIÓN Y FRACCIONES EQUIVALENTES

Una proporción significa que dos fracciones son iguales...1/2 = 3/6
Nos ayuda a solucionar problemas como:
Comparando fracciones y ordenando números racionales
Compara 7/8 y 9/12 siguiendo estos simples pasos:

- Encuentra el Mínimo Común Múltiple de los denominadores 8 y 12

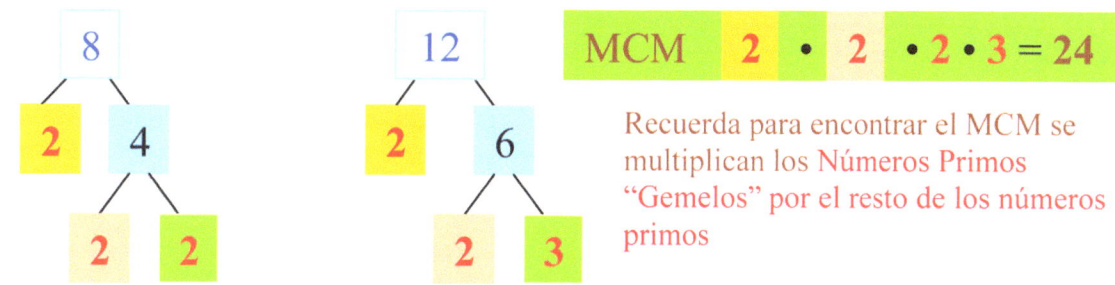

Recuerda para encontrar el MCM se multiplican los Números Primos "Gemelos" por el resto de los números primos

- Cambia 7/8 y 9/12 por fracciones con el mismo común denominador 24

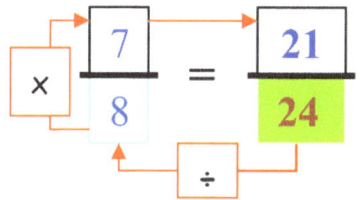 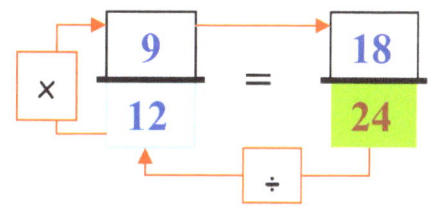

- Ahora ya se pueden comparar las fracciones de tal manera que...
  7/8 es mayor que 9/12

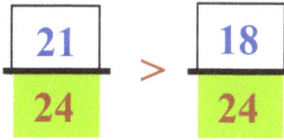

Ordena en secuencia de menor a mayor y encuentra en la línea de números los siguientes números racionales: 7/8, ½, ¾, 5/6, ¼ y 9/15

- **Checa** si la línea puede ser dividida, o si está dividida en un número de partes. En el ejemplo son 24. Este número representa el común denominador...
- Cambia cada fracción por otra equivalente con denominador 24:
  7/8=21/24, ½=12/24, ¾=18/24, 5/6=20/24, ¼=6/24, 9/15=14.4/24

Ahora ya puedes ordenar las fracciones en secuéncia y encontrarlas en la línea.
Ordenando de menor a mayor: ¼, ½, 9/15, ¾, 5/6, 7/8

DECIMALES, FRACCIONES Y PORCENTAJES

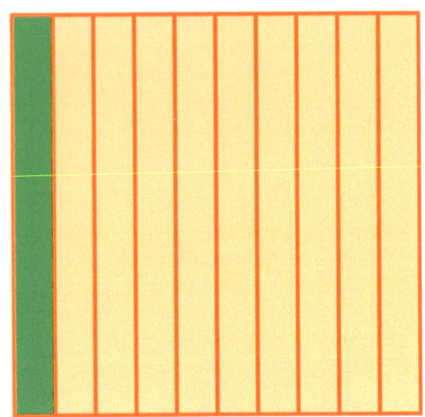

Entender el concepto de las partes y el todo nos va a ayudar a entender decimales, fracciones y **porcentajes**.

El entero es el cuadrado; es como si fuera el precio de un artículo… Las partes son 10 y 1 parte de 10 es 1/10 = 0.1 = 10 porciento del todo

El concepto de **Porcentaje** viene de dividir **el todo en 100 partes.** Es como dividir el costo de una prenda de vestir entre 100. En el ejemplo hay 17 partes de 100 en color naranja 17/100 = 0.17 = 17% Imagina que el costo de un par de zapatos es $40 menos 17%. ¿Cuanto vas a pagar por los zapatos? Piensa que el todo es $40 asi 40÷100 = 0.40 y tu vas a pagar 100-17=83 Multiplica 83(0.40)=$33.20 Tu estas ahorrando $6.80 ¡Aprender porcentajes te va a ayudar en tus compras!

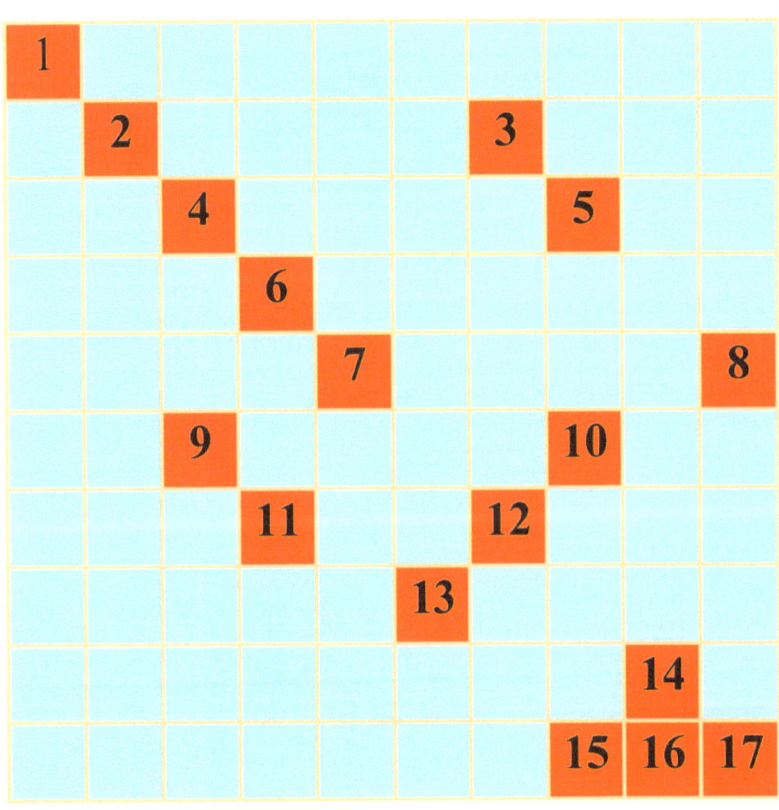

PORCENTAJES DE INCREMENTO Y DISMINUCIÓN

La semana pasada puse gasolina en mi coche y pagué $ 1.85/galón. Hoy lo aumentaron; el nuevo precio es de $ 2.18/galón. ¿Me pregunto cual es el porcentaje de incremento?

Nota: Recuerda que un galón tiene aproximadamente 4 Litros.

Para encontrar el porcentaje de cambio sigue los simples pasos:
- **Encuentra la diferencia entre el precio original y el nuevo precio:** $ 2.18 – $1.85 = 0.33
- **Divide la diferencia de precio entre el precio original:** 0.33 ÷ 1.85 = 0.178
- **Redondea la respuesta a la centécima y conviertela en %:** 0.178 ≈ 0.18 = 18/100 = 18% de aumento.

Tienda de descuento

Todo de BARATA

Hoy fui a la tienda y pague **$28.65** por unos pantalones que su precio normal es de $ 40.99.
¿Me pregunto que porcentaje fueron rebajados?

Pasos para encontrar el % de disminución:
- **Encuentra la diferencia entre el precio original y el nuevo precio:** 40.99 – 28.65 = 12.34
- **Divide la diferencia en precio entre el precio original:** 12.34 ÷ 40.99 = 0.301
- **Redondea la respuesta a la centecima y conviertela en %:** 0.301 ≈ 0.30 = 30/100 = 30% de disminución.

EXPONENTES

El EXPONENTE o POTENCIA nos dice cuantas veces el número llamado la BASE es usado como un factor.

BASE 8^3 significa $8(8)(8) = 512$

> Entender las potencias de 10 nos va a ayudar con Anotación Científica

$10^6 = 1,000,000$ ó $10(10)(10)(10)(10)(10)$
$10^5 = 100,000$ ó $10(10)(10)(10)(10)$
$10^4 = 10,000$ ó $10(10)(10)(10)$
$10^3 = 1,000$ ó $10(10)(10)$
$10^2 = 100$ ó $10(10)$
$10^1 = 10$
$10^0 = 1$
$10^{-1} = 0.1$ ó $1/10$ un décimo
$10^{-2} = 0.01$ ó $1/10(1/10) = 1/100$ un centésimo
$10^{-3} = 0.001$ ó $1/10(1/10)(1/10) = 1/1,000$
$10^{-4} = 0.0001$ ó $1/10(1/10)(1/10)(1/10) = 1/10,000$
$10^{-5} = 0.00001$ ó $1/10(1/10)(1/10)(1/10)(1/10)$
$10^{-6} = 0.000001$ ó $1/1,000,000$

RAICES

La raíz de un número dado es el número que cuando multiplicado por si mismo un cierto número de veces da como respuesta el número dado. La raíz cuadrada tiene un fantasma 2, cualquier otra raíz tendra un #

Un exponente fracción es una raíz

fantasma

$\sqrt[2]{100} = 100^{1/2} = 10$ porque $10(10) = 100$

$\sqrt[3]{1,000} = 100^{1/3} = 10$ porque $10(10)(10) = 1000$

ANOTACIÓN CIENTÍFICA

Anotación Científica nos ayuda a escribir cantidades muy pequeñas y muy grandes.

Los números en Anotación Científica son escritos como el producto de dos factores utilizando como uno de los factores las potencias de 10.

Ejemplo: Escribe la cantidad 3,800,000,000 en anotación científica.

3,800,000,000. Convierte el primer dígito que tenga valor en LA UNIDAD.
— punto decimal fantasma

3.800,000,000. Escribe los otros dígitos como decimales.
+ Nueve

3.8(10^9) Usa las potencies de 10 escribiendo el exponente positivo igual al número de lugares que fue movido el punto decimal.

$3.8 \cdot 10^9$ = 3.8 (1,000,000,000) = 3,800,000,000

Ejemplo: Escribe la cantidad 0.000000086 en anotación científica

0.000000086 Convierte el primer dígito que tenga valor en LA UNIDAD.

0.00000008.6 Escribe los otros dígitos como DECIMALES.
- Ocho

8.6(10^{-8}) Usa tus potencias de 10 escribiendo el exponente negativo igual al número de lugares que fue movido el punto decimal

$8.6 \cdot 10^{-8}$ = 8.6 (0.00000001) = 0.000000086

¡Puedes checar tus respuestas usando la calculadora!

VOCABULARIO de OPERACIONES BÁSICAS

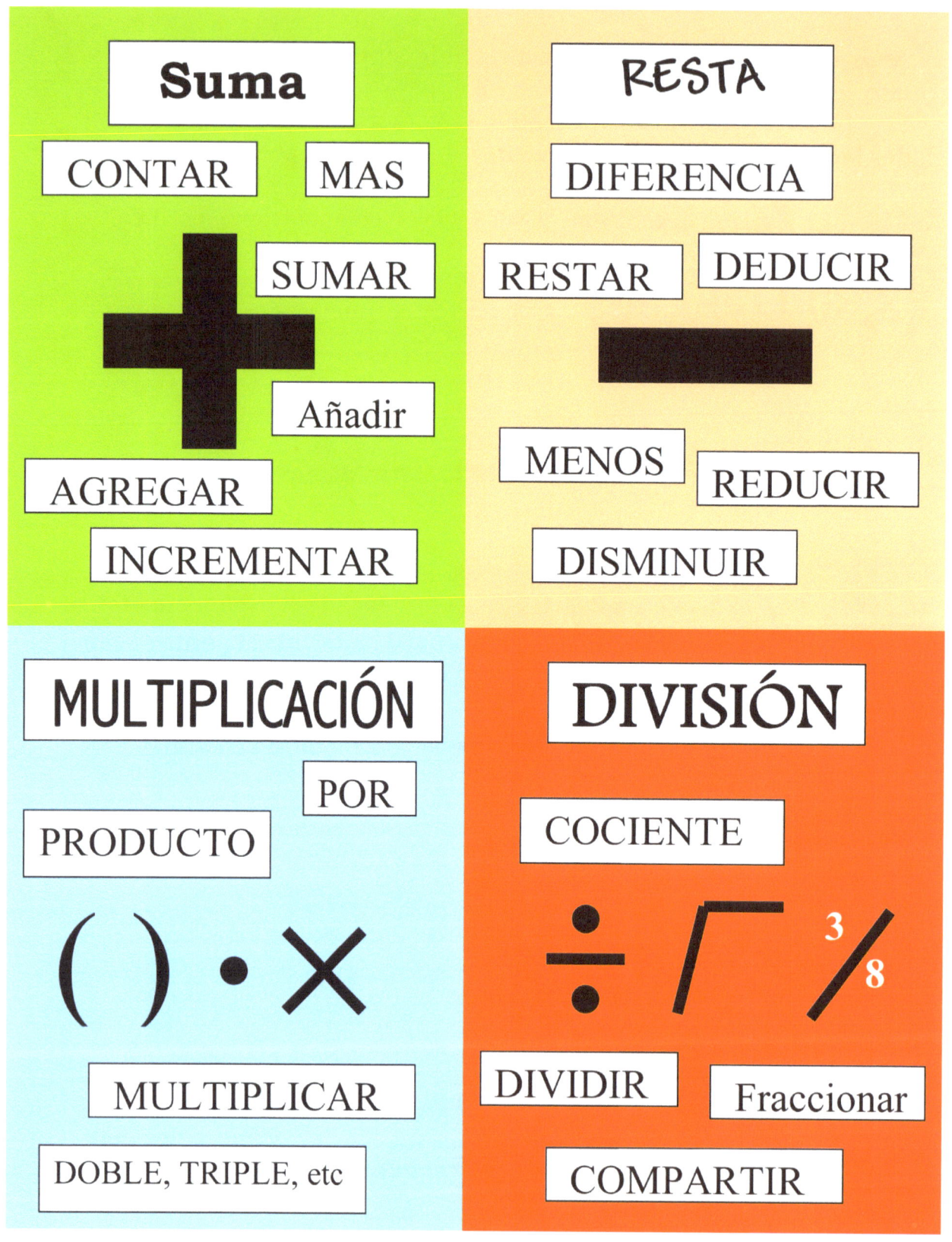

PROPIEDADES DE LAS OPERACIONES

COMUTATIVA DE LA SUMA : En cualquier suma, se pueden sumar los términos en cualquier orden. La respuesta es la misma:
Ejemplos: a) $3 + 4 = 7$ ó $4 + 3 = 7$, b) $a + b = b + a$
COMUTATIVA DE LA MULTIPLICACIÓN: En un producto, se pueden multiplicar los factores en cualquier orden. La respuesta es la misma.
Ejemplos: a) $5(8) = 40$ ó $8(5) = 40$, b) $xy = yx$

ASOCIATIVA DE LA SUMA: Cambiar el agrupamiento de los términos no cambia la suma. La respuesta es la misma.
Ejemplos: a) $7+(8+3) = 18$ es lo mismo que $(7+8)+3 = 18$
b) $x + (y + z) = (x + y) + z$
ASOCIATIVA DE MULTIPLICACIÓN: Cambiar el agrupamiento de los factores no afecta el producto. La respuesta es la misma.
Ejemplos: a) $(ab)c$ es lo mismo que $(ac)b$
b) $5(7 \cdot 2) = 70$ es lo mismo que $(5 \cdot 2)7 = 70$

PROPIEDAD DISTRIBUTIVA : Combina las operaciones de multiplicación y suma. Nos ayuda a escribir expresiones eqivalentes para solucionar problemas de matemáticas…
Ejemplos:
a) $5(3)+5(7)+5(15) = 5(3+7+15)$ …Es más fácil encontrar la respuesta si sumamos los términos antes de multiplicarlos
b) $x(y+z) = xy + xz$ c) $2(x + 5) = 2x + 2(5) = 2x + 10$
d) $a(2a + 5) = 2a^2 + 5a$

IDENTIDAD DE LA SUMA: La suma de un número ó una variable con CERO la respuesta es el número ó la variable
Ejemplos: a) $5 + 0 = 5$ b) $a + 0 = a$
IDENTIDAD DE LA MULTIPLICACIÓN: El producto de un número o una variable por UNO es el mismo número o la misma variable
Ejemplos: a) $9(1) = 9$ b) $a \cdot 1 = a$

ORDEN DE OPERACIONES

1. SÍMBOLOS DE AGRUPAMIENTO.

Si tu tienes 2 ó mas símbolos haz tus operaciones de adentro hacia afuera: **Paréntesis** primero, **Cajas** segundo, y por último las **Llaves**.

$$\{ \leftarrow [\leftarrow (\leftrightarrow) \rightarrow] \rightarrow \}$$

La barra de la fracción es tambien un signo de agrupamiento

$$\frac{6+2}{5-1} = \frac{8}{4} = 2$$

Haz el numerador primero, después el denominador y **al final la división**

2. EXPONENTES o RAICES

El **Exponente** nos dice cuantas veces multiplicar la **BASE**

Significa **multiplicar** la base "el número 4" **tres veces**; es decir $4 \times 4 \times 4 = 64$

3. MULTIPLICACIÓN o DIVISIÓN

Haciendo la operación que este primero de izquierda a derecha

$$\times \quad \cdots\rightarrow \quad \div \quad \text{ó} \quad \div \quad \cdots\rightarrow \quad \times$$

$12 \div 4 \times 3 =$ (división está a la izquierda ∴ $12 \div 4$) $= 3 \times 3 = 9$

$8 \times 6 \div 12 =$ (multiplicación está a la izquierda ∴ 8×6) $= 48 \div 12 = 4$

4. SUMA o RESTA de izquierda a derecha ····▶

$$+ \quad \cdots\rightarrow \quad - \quad \text{ó} \quad - \quad \cdots\rightarrow \quad +$$

$18 - 4 + 9 =$ (resta está a la izquierda ∴ $18 - 4$) $= 12 + 9 = 21$

$8 + 15 - 6 =$ (suma está a la izquierda ∴ $8 + 15$) $= 23 - 6 = 17$

EJEMPLOS DE ORDEN OF OPERACIONES

Es muy importante ir paso por paso en el proceso de las operaciones. El color te va a ayudar a seguir la secuéncia para solucionar los problemas:

$5^2 - 14 \div 7 =$

$25 - 14 \div 7 =$ Hacer el exponente primero $5^2 = 5 \cdot 5 = 25$

$25 - 14 \div 7 =$ Hacer la división $14 \div 7 = 2$

$25 - 2 = 23$ Hacer la resta

$(24 - 18) \cdot 8 \div 2 =$

$(24 - 18) \cdot 8 \div 2 =$ Hacer el paréntesis primero $24 - 18 = 6$

$6 \cdot 8 \div 2 =$ Hacer la multiplicación $6 \cdot 8 = 48$

$48 \div 2 = 24$ Hacer la división

$7^3 - 7 \cdot 3 \div 7$

$343 - 7 \cdot 3 \div 7 =$ Hacer el exponente primero $7^3 = 7 \cdot 7 \cdot 7 = 343$

$343 - 7 \cdot 3 \div 7 =$ Hacer la multiplicación $7 \cdot 3 = 21$

$343 - 21 \div 7 =$ Hacer la división $21 \div 7 = 3$

$343 - 3 = 340$ Hacer la resta

$5 [14 - (8 + 4) \div 6] =$ Hacer las operaciones dentro de la caja.
 Como hay 2 ó mas signos de agrupamiento soluciona de adentro hacia afuera

$5 [14 - (8 + 4) \div 6] =$ **Hacer el paréntesis primero** $8+4=12$

$5 [14 - 12 \div 6] =$ Hacer la división $12 \div 6 = 2$

$5 [14 - 2] =$ Hacer la resta $14 - 2 = 12$

$5 [12] = 60$ Hacer la multiplicación

…recuerda que un número afuera de una caja significa multiplicación.

SETS {es una colección de objetos ó números} dentro de una llave

- Sets son nombrados con letras mayúsculas: A, B, C, D, E, F, G,..X, Y, Z
- Subsets son parte de un SET y tambien se les representa con las letras mayúsculas: A, B, C, D, F, G, H, I, J, K, L ,…X, Y, Z

⊂ significa Subset y ⊄ significa no es un Subset

Los numeros dentro del SET son Elementos del Set: A = { 5,6,7,8 }

∈ significa Elemento del set y ∉ significa no Elemento del Set

{ } y ∅ significa Set vacio, ó Set nulo (que no tiene solución)

En matemáticas nosotros trabajamos con diferentes Sets de números que son representados en la Línea de Números:

El Set R de Números Reales R={Todos los números Racionales é Irracionales}

| -1.5 | -0.3̄3̄ | 0.5 | √2 = 1.4142 etc | Π= 3.1415 etc |

-1   0   1   2   3   4

El Set I de Números Irracionales
I = {Todos los números que no terminan, y decimales que no se repiten}
Ejemplos: √2= 1.4142 etc   Π= 3.1415 etc.

The Set Q de Números Racionales
Q = {Todos los números que pueden ser expresados como números que terminan ó decimales que se repiten}
Ejemplos: 0.5 , -0.3̄3̄ , -1.5

El Set Z de números positivos y negativos Z ={...,-3,-2,-1,0,1,2,3,...}
Z = {Todos los números positivos, cero y todos los negativos}

El Set W de Números Enteros W = {0,1,2,3,4,5,6,7,8,9,…}

El Set N de Números Naturales N ={1,2,3,4,5,6,7,8,9,}

El SET de números positivos y negativos

Es el Set de números enteros y sus opuestos (negativos)

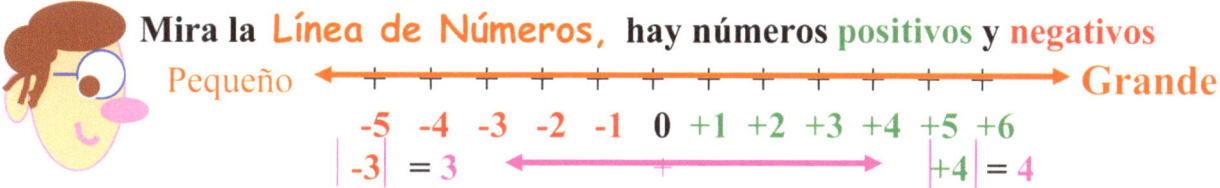

La distancia de un número a cero es el valor absoluto.

Escribiendo usamos unos pequeños signos positivos ó negativos.
El número CERO no tiene signo. Cualquier otro número que no sea CERO
y que no tenga signo, tiene un signo positivo fantasma

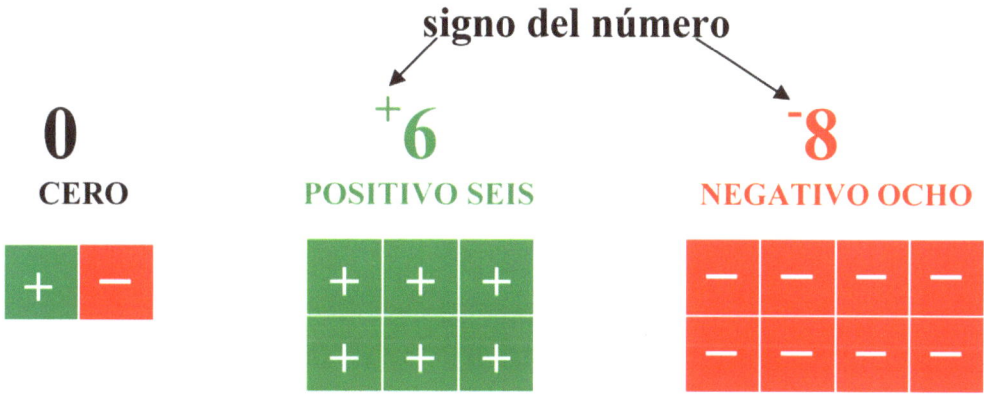

COMPARANDO NÚMEROS POSITIVOS Y NEGATIVOS.

Fíjate en la LÍNEA DE NÚMEROS:
- Los números se hacen más grandes a la derecha ⟶
- ⟵ y mas pequeños a la izquierda

$^+6$ es mayor que $^+5$ porque esta más a la derecha en la Línea de números

$^+6 > {}^+5$ El signo $>$ significa **MAYOR QUE**

$^-4$ es menor que $^-2$ porque esta más a la izquierda en la Línea de números

$^-4 < {}^-2$ El signo $<$ significa **MENOR QUE**

0 es mayor que $^-3$ porque esta más a la derecha en la Línea de números

$0 > {}^-3$ **0** ¡Es un número muy importante!

SUMA de números positivos y negativos ¿Dónde esta el $?

Yo tengo $2 en mi bolsillo izquierdo y $3 en mi bolsa.

$^+2 + {}^+3 = {}^+5$ Yo tengo un total de **$ 5**

Regla: La suma de dos números positivos es siempre positiva

Yo pedí prestado $1 de mi hermana ayer y $3 el dia de hoy.

$^-1 + {}^-3 = {}^-4$ Ahora le debo un total de **$ 4**

Regla: La suma de dos números negativos es siempre negativa

Yo tengo $5 en mi cartera pero voy a pagar $1 por mi café

$^+5 + {}^-1 = {}^+4$ Me sobran **$ 4**

Yo solo tengo $2 y necesito comprar un libro de $4

$^+2 + {}^-4 = {}^-2$ Me faltan **$ 2**

Pasos para sumar números positivos ➕ y negativos ➖ :

- Ignora los signos de los números y **resta** el número menor del número mayor.
- Da a la respuesta el signo del número mayor.

RESTA de números positivos y negativos — Desaparece

El concepto de Cero es muy importante para la suma de números positivos y negativos, nosotros podemos representar Cero con diferente cantidad de unidades usando cartones positivos y negativos. Ve los ejemplos:

$[+][-] = 0$, $[+][+][-][-] = 0$, $[+][+][+][-][-][-] = 0$

Pasos básicos para hacer operaciones de resta de números positivos y negativos:

- Cambia la operación de resta por suma
- Cambia el signo del número que se esta restando
- Hacer las operaciones como una suma

$^-4 - {}^-2 = {}^-2 \implies {}^-4 + {}^+2 = {}^-2$

[—][—] [—][—] Desaparece 2 negativos = $^-2$

$^+3 - {}^+1 = {}^+2 \implies {}^+3 + {}^-1 = {}^+2$

[+][+][+] Desaparece 1 positivo = $^+2$

$^-2 - {}^+1 = {}^-3 \implies {}^-2 + {}^-1 = {}^-3$

[+][−] [−][−] Créa un 0, desaparece [+] = $^-3$

$^+3 - {}^-2 = {}^+5 \implies {}^+3 + {}^+2 = {}^+5$

[+][+] [+][+][+] Créa un 0, desaparece [−][−] = $^+5$
[−][−]

26

MULTIPLICACIÓN Y DIVISIÓN
de números positivos y negativos

Las reglas para multiplicación y división son las mismas:
- **Signos iguales respuesta positiva.**
- **Signos diferentes respuesta negativa.**

Multiplicación...¿Qué pasó con el dinero?

Mis papas me daran el doble de $ 3 para mis gastos

$^+2 \cdot {}^+3 = {}^+6$

Ahora voy a recibir $ 6

Necesito comprar 3 boletos de $ 2 para el baile de la escuela

$^+3({}^-2) = {}^-6$

Voy a tener que pagar $ 6

Signos diferentes = negativo
$^-4({}^+8) = {}^-32$, $^+7 \cdot {}^-9 = {}^-63$

Signos iguales = positivo
$^-3 \cdot {}^-5 = {}^+15$, $^+6({}^+4) = {}^+24$

División

Mi primo y yo compartimos $6

Recibiremos $ 3 cada uno

$^+6 \div {}^+2 = {}^+3$

$^-8 \div {}^+2 = {}^-4$

Nos toca pagar $ 4 a cada uno de nosotros

Vamos a compartir los $ 8 de cuenta de la cena...

Signos diferentes = negativo
$^-8 \div {}^+2 = {}^-4$, $^+12 \div {}^-3 = {}^-4$

Signos iguales = positivo
$^-36 \div {}^-6 = {}^+6$, $^+9 \div {}^+3 = {}^+3$

HOJA DE RECOLECCIÓN DE DATOS de 30 Países

Nombre del País	Población en millones	ÁREA en millares de millas cuadradas	Ingreso doméstico bruto en Billones	Ingreso doméstico bruto por habitante	Expectativas de vida HOMBRES	Expectativas vida MUJERES	% de alfabetización
Afganistán	26	250	20	800	48	47	32
Argentina	37	1,068	374	10,300	71	79	96
Australia	19	2,968	394	22,700	77	83	99
Brasil	173	3,286	1,040	6,100	59	68	85
China	1,261	3,705	4,420	3,600	69	72	82
Costa Rica	4	1,068	374	10,300	71	79	95
Cuba	11	42	17	1,560	73	78	96
Egipto	68	387	188	2,858	61	65	51
El Salvador	6	8	18	3,000	67	74	71
Inglaterra	60	95	1,252	21,200	75	80	100
Etiopía	64	435	33	560	39	42	35
Francia	59	211	1,320	22,600	75	83	99
Alemania	83	138	1,810	22,100	74	81	100
Ghana	20	92	34	1,800	55	60	64
India	1,104	1,269	1,689	1,720	63	65	52
Iraq	23	169	52	2,400	66	68	58
Israel	6	8	102	18,100	77	81	96
Italia	58	116	1,180	20,800	76	82	97
Japón	127	146	2,900	23,100	77	83	100
Kenia	30	225	44	1,550	46	47	78
Kuwait	2	7	44	22,700	75	80	79
México	100	761	815	8,300	69	76	90
Nigeria	123	356	106	960	52	54	57
Pakistán	142	310	270	2,000	59	61	38
Filipinas	81	116	271	3,500	64	70	95
Rusia	146	6,952	593	4,000	59	72	99
España	40	195	646	16,500	74	82	97
U.S.A.	249	3,096	9,937	31,500	74	79	100
Somalia	7	246	4	600	45	48	24
Suiza	7	16	192	26,400	76	82	100

DIAGRAMA de TALLO y HOJA.

Ingreso doméstico bruto por persona de 30 países del mundo

TALLO es el valor común mayor de toda la información.
HOJAS son el siguiente valor de la información.

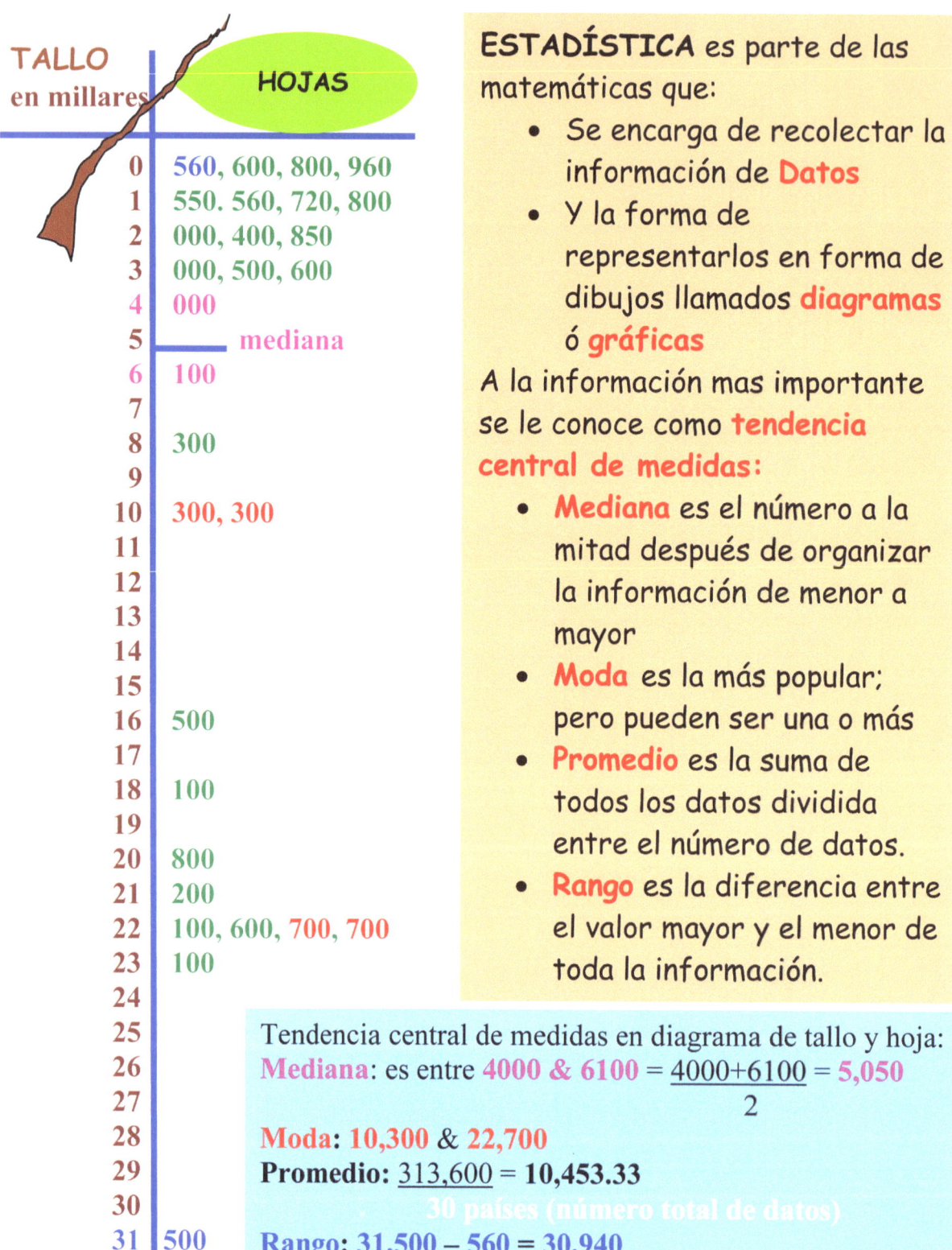

TALLO en millares	HOJAS
0	560, 600, 800, 960
1	550. 560, 720, 800
2	000, 400, 850
3	000, 500, 600
4	000
5	mediana
6	100
7	
8	300
9	
10	300, 300
11	
12	
13	
14	
15	
16	500
17	
18	100
19	
20	800
21	200
22	100, 600, 700, 700
23	100
24	
25	
26	
27	
28	
29	
30	
31	500

ESTADÍSTICA es parte de las matemáticas que:
- Se encarga de recolectar la información de **Datos**
- Y la forma de representarlos en forma de dibujos llamados **diagramas** ó **gráficas**

A la información mas importante se le conoce como **tendencia central de medidas**:
- **Mediana** es el número a la mitad después de organizar la información de menor a mayor
- **Moda** es la más popular; pero pueden ser una o más
- **Promedio** es la suma de todos los datos dividida entre el número de datos.
- **Rango** es la diferencia entre el valor mayor y el menor de toda la información.

Tendencia central de medidas en diagrama de tallo y hoja:
Mediana: es entre **4000 & 6100** = $\underline{4000+6100}$ = **5,050**
$\qquad\qquad\qquad\qquad\qquad\qquad\quad 2$

Moda: **10,300 & 22,700**
Promedio: $\underline{313,600}$ = **10,453.33**
$\qquad\qquad$ 30 países (número total de datos)
Rango: **31,500 − 560 = 30,940**

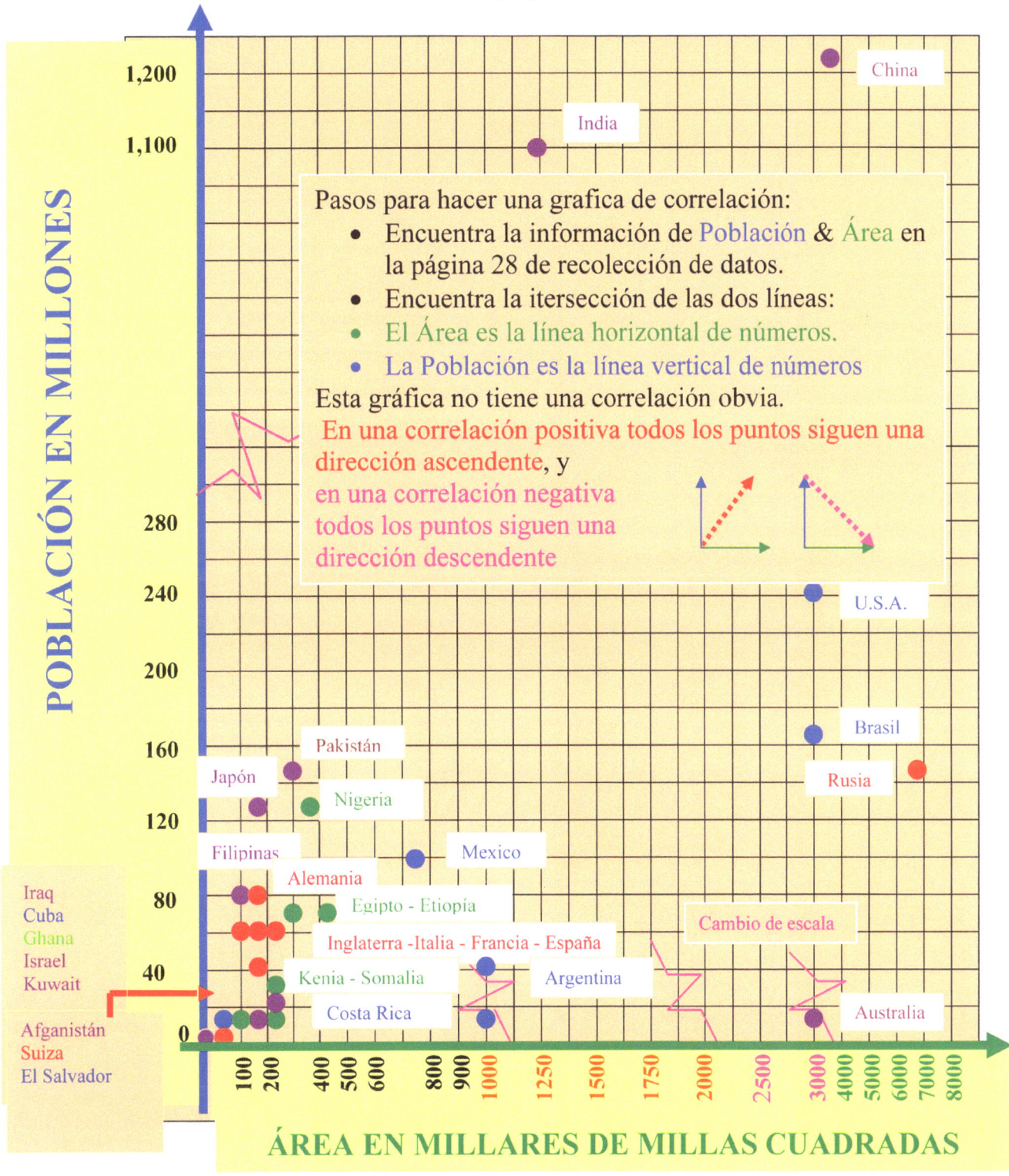

DIAGRAMA DE CAJA
Población de 30 países del mundo.

Extremo menor — **Extremo mayor**

Cuarto inferior — Mitad — Cuarto superior

Ok 2,4,6,6,7,7,11 | **19** | 20,23,26,30,37,40, **58 59** 60,64,68,81,83,100 | **123** | 127 142 146 173 249 → **1104, 1261**

19 – 156 = – 137 es el BUSCADOR-valor menor   BUSCADOR-valor mayor 123 + 156 = 279

Mentirosos

RANGO ENTRE CUARTOS es el rango de la mitad de un set de números: **123** – **19** = **104**

EL BUSCADOR nos ayuda a determinar los valores aceptables menores y mayores de los datos, y nos ayuda a encontrar los "mentirosos"

EL BUSCADOR = Rango entre cuartos multiplicado por 1.5 como factor.

EL BUSCADOR = 104 (1.5) = 156

MENTIROSOS: información única ó especial de nuestros datos. En nuestro ejemplo nos enseña el contraste entre la población de China y la India con el resto del mundo.

RANGO: 1261 - 2 = 1259
MODA: 6 & 7
MITAD: $\frac{58 + 59}{2} = 58$
PROMEDIO: $\frac{4136}{30} = 137.87$

Pasos para hacer un diagrama de caja:
- Organiza tus DATOS de menor a mayor.
- Encuentra la MITAD (divide los DATOS entre 2)
- Encuentra el Cuarto Inferior (saca la mitad de la mitad inferior)
- Encuentra el Cuarto Superior (saca la mitad de la mitad superior)

¡Ya tienes tu caja!   Ya puedes encontrar el rango entre cuartos y el buscador

GRÁFICA DE CÍRCULO

Alfabetización en 30 países del mundo (Ver la hoja de recolección de datos)

Pasos para hacer una gráfica de Círculo:
- Vamos a representar 30 países en una gráfica de Círculo
- Como el CÍRCULO tiene 360 grados, cada País es 360/30=12 grados.
- Multiplica para cada grupo el número de países por 12 grados .

Grupos con diferentes niveles de Alfabetización:

Menos del 40 % de A.	4 países (12) = 48 grados
Entre 50 y 59 % de A.	4 países (12) = 48 grados
Entre 60 y 69 % de A.	1 país (12) = 12 grados
Entre 70 y 79 % de A.	3 países (12) = 36 grados
Entre 80 y 89 % de A.	2 países (12) = 24 grados
Entre 90 y 99 % de A.	11 países (12) =132 grados
100 % de A.	5 países (12) = 60 grados

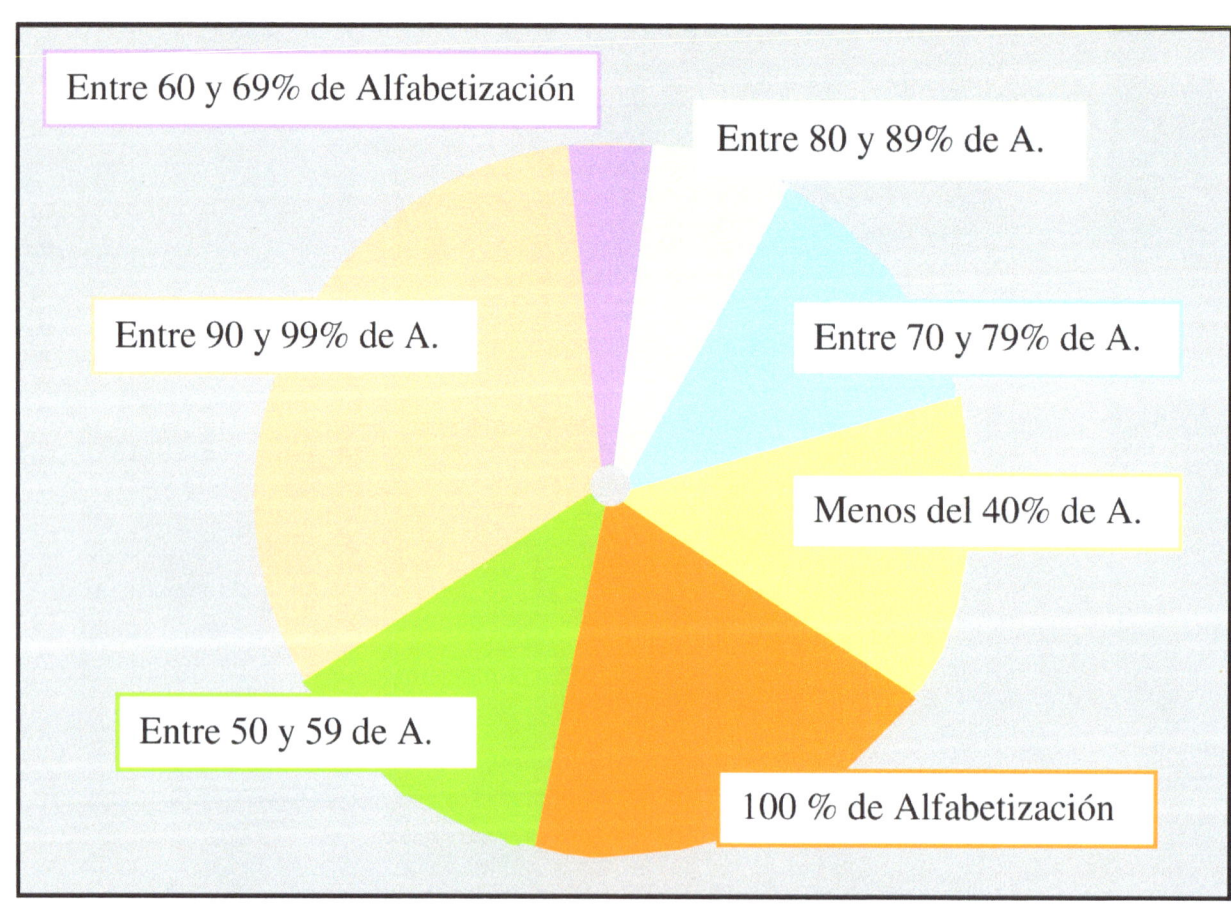

GRÁFICA DE LÍNEA

Expectativas de vida para HOMBRES "H" y MUJERES "M" de 30 países del mundo

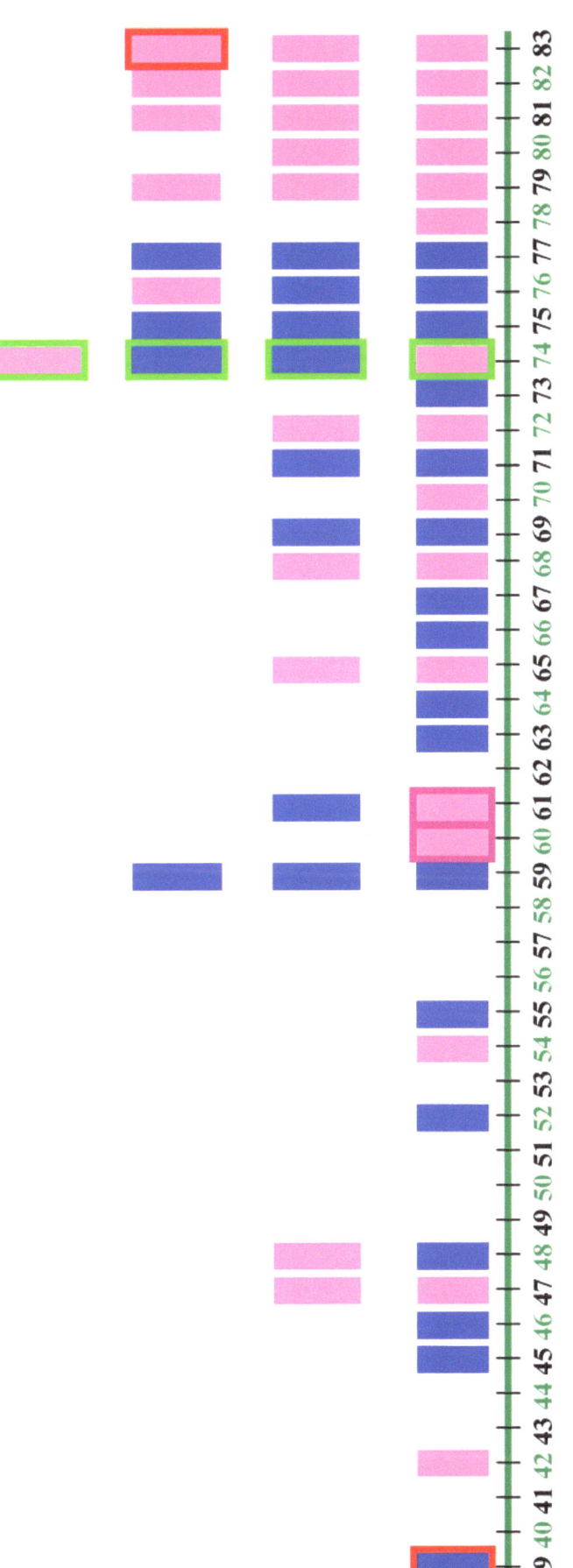

RANGO: de 39 a 83 = 44 (Resta el número menor del número mayor de todos los datos de la información)

MEDIANA: (60 + 61) dividido entre 2 = 60.5 (El número a la mitad de los datos previamente ordenados de menor a mayor ; si cae entre dos números, súmalos y divide entre dos)

MODA: 74 (El más popular ; si hay varios igualmente populares, todos los números iguales son la moda)

PROMEDIO: 68.12 (Es la suma de todos los números de la información dividida entre el número de datos)

39+42+45+46+47+48+48+52+54+55+59+59+60+61+63+64+65+66+67+68+69+69+70+71+72+73+74+74+74+75+75+76+76+77+77+78+79+79+80+81+81+82+82+83+83+83 dividido entre 60

Nota: Dibuja una línea comenzando con el número menor y terminando con el número mayor de la información

PROBABILIDADES

Probabilidad es el número de veces que algo puede ocurrir basado en el número de posibilidades de que ocurra, expresado como una fracción.

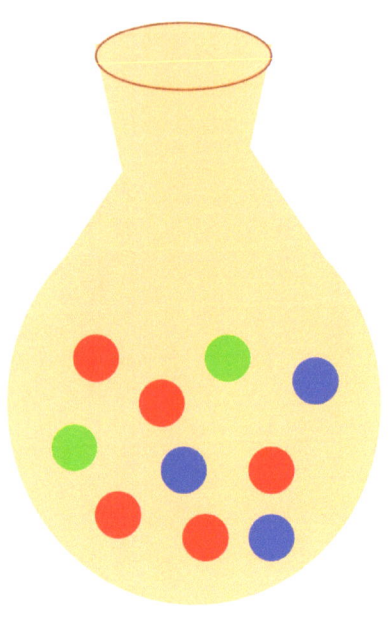

Posibilidades: 10 diferentes colores:
5 rojas, 3 azules y 2 verdes.

Probabilidades de sacar cada color :

●●●●● = 5/10 = 50%
ROJAS
A favor 5 contra 5
En contra 5 contra 5

●●● = 3/10 = 30%
AZULES
A favor 3 contra 7
En contra 7 contra 3

●● = 2/10 = 20%
VERDES
A favor 2 contra 8
En contra 8 contra 2

Comparando la TEORÍA con el EXPERIMENTO…
De una bolsa con fichas saca una sin mirar cuando lo haces. Lleva la cuenta del color. REGRESA la ficha a la bolsa. Sacude la bolsa y saca otra ficha, apunta en la cuenta el color y regresala a la bolsa. Repite 100 veces el proceso de sacar la ficha y apuntar.
Escribe tus resultados como PROBABILIDADES en %

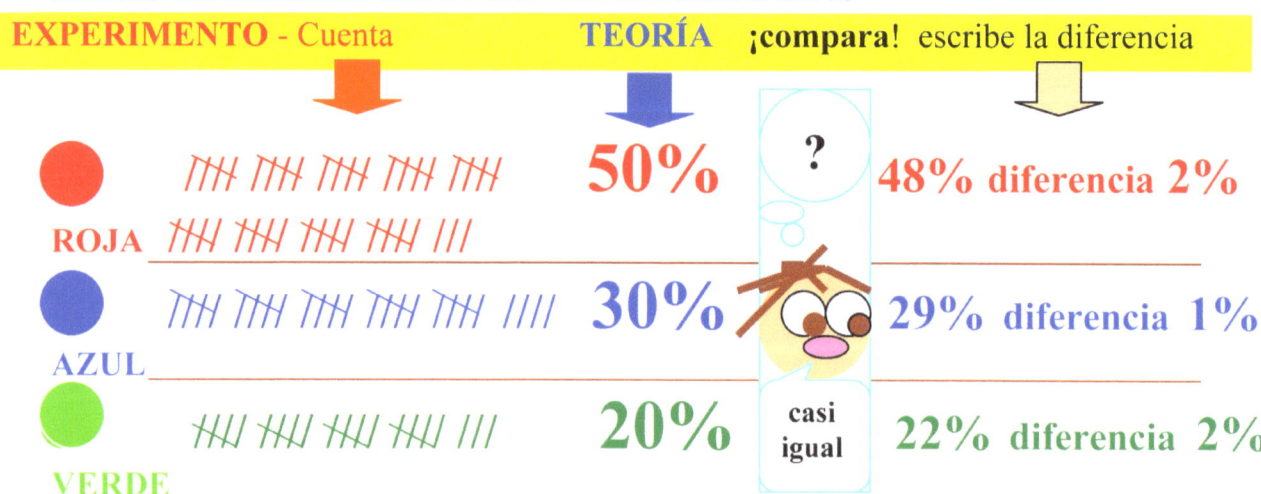

Apuestas **a favor** significa: Tus chances de ganar. Tú apuesta contra las demas.
Apuestas **en contra** significa: Tus chances de perder. Tú apuesta contra las demas.

POSIBILIDADES Y PROBABILIDADES
JUEGO CON DOS DADOS –Experimento y teoría

Pasos para hacer el experimento con dos dados:
- Tirar los dos dados al mismo tiempo y apuntar el resultado de la suma cada vez que se repita el experimento. Ejemplos: el menor seria 1+1=2 y el mayor seria 6+6=12
- Repetir el experimento 100 veces
- Hacer un conteo y escribirlo como porcentaje dividiéndolo entre 100. Ejemplo: ⧸⧸⧸⧸⧸ ⧸⧸ = 7÷100 = 7%
- **Comparar el experimento con la teoría**

NÚMEROS	CANTIDAD DE POSIBILIDADES PARA TIRAR CADA NÚMERO desde el menor 1+1= 2 hasta EL MAYOR 6+6=12 La cantidad TOTAL DE POSIBILIDADES que se pueden tirar con dos dados desde 2 hasta 12 es 36 (Ver la tabla abajo) El porcentaje de la teoría se obtiene dividiendo las posibilidades de cada número ÷ 36										Experimento
2	1	1	El número 2 puede ser tirado de una sola forma, así que 1÷36=0.027? 3%								
3	1	2	2	1							2÷36=0.055? 6%
4	1	3	3	1	2	2					3÷36=0.083? 8%
5	1	4	4	1	2	3		2			
6	1	5	5	1	2	4	4	2	3	3	número 7 6÷36=0.166?
7	1	6	6	1	2	5	5	2	3	4	4 3
8	2	6	6	2	3	5	5	3	4	4	5÷36=0.138?
9	3	6	6		4	5	5	4			4÷36=0.111? 11%
10	4	6	6	4	5	5					
11	5	6	6	5							
12	6	6									

Creando un juego basado en PROBABILIDADES

En beisbol hay algunas jugadas que acontecen más que otras.
Basado en tu entendimiento de Probabilidades, crea una tabla que refleje la posibilidad de cada jugada. Comienza con 1 para las jugadas que mas difícil ocurren estableciendo una secuencia lógica para las otras jugadas que ocurren.

Suma todos tus números para encontrar el total de posibilidades de tu juego.

Crea una rueda de la fortuna dividiendo un círculo entre el numero de partes igual al total de posibilidades (recuerda que el circulo tiene 360 grados); así que 360 grados divididos entre el total de posibilidades te dará el número de grados para cada posibilidad de cada jugada. Reparte a tu gusto las jugadas en el círculo. Construye una manecilla para la rueda de la fortuna y estarás listo para jugar. Escribe cuáles son tus probabilidades para cada jugada de tu juego en porcentaje.
Ejemplo: Fíjate en como nosotros tenemos 24 posibilidades en total, por lo tanto nosotros dividimos el círculo de 360 entre 24 = 15°

JUGADAS:

- **Home run 2/24 ~ 8%**
  (Cuadrangular)
- **Triple 1/24 ~ 4%**
  (Batazo de tres bases)
- **Grand slam 1/24 ~ 4%**
  (Cuadrangular con bases llenas)
- **Double 3/24 ~ 13%**
  (Batazo de dos bases)
- **Hit 4/24 ~ 17%**
  (Batazo sencillo de una base)
- **Steal 2/24 ~ 8%**
  (Robo de base)
- **Base on balls 2/24 ~ 8%**
  (Base por bolas)
- **Out 4/24 ~ 17%**
  (Aut sencillo-Un solo aut)
- **Double play 2/24 ~ 8%**
  (Aut doble-Dos auts)
- **Triple play 1/24 ~ 4%**
  (Aut triple-Tres auts)
- **Strike out 2/24 ~ 8%**
  (Ponche-Un aut)

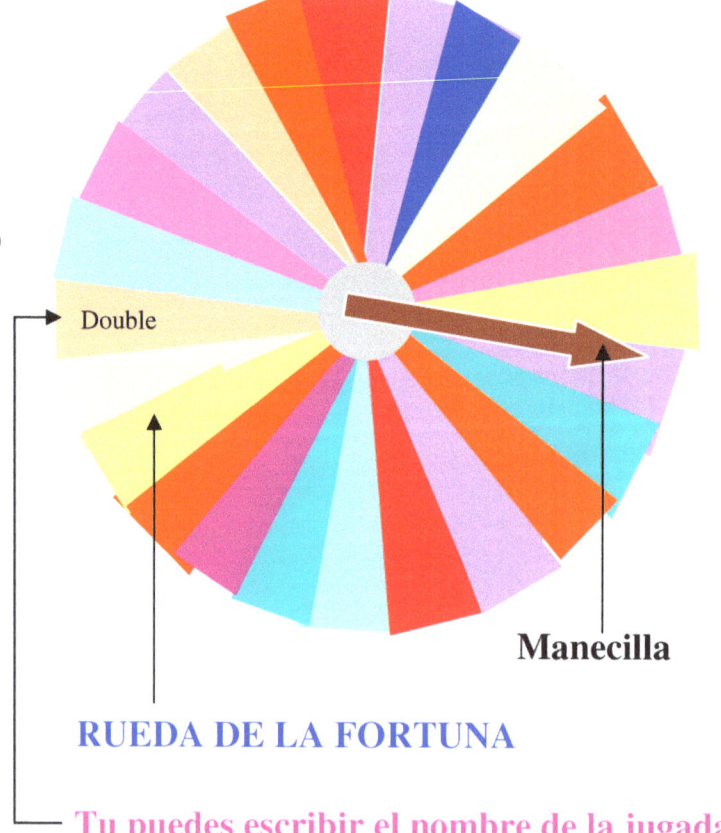

Double

Manecilla

RUEDA DE LA FORTUNA

Tu puedes escribir el nombre de la jugada

O O O O O O O O O **Los colores representan las diferentes jugadas**

MIDIENDO pulgadas y centímetros-proyecto

Pasos para hacer el proyecto:

- Usa la regla y mide en **Pulgadas** (") los siguientes cuadrados: **7 1/2", 5 5/8 ", 4", 2 1/4", 5/16"**. Córtalos en el mismo color.

- Usa la regla y mide en Centímetros (cm) los siguientes cuadrados: **16.5 cm , 12 cm , 7.8 cm , 3.6 cm**. Córtalos en el mismo color.

- Asegúrate que el color de los cuadrados en centímetros sean de diferente color que los cuadrados en pulgadas.

Ejemplo del proyecto NO a escala.

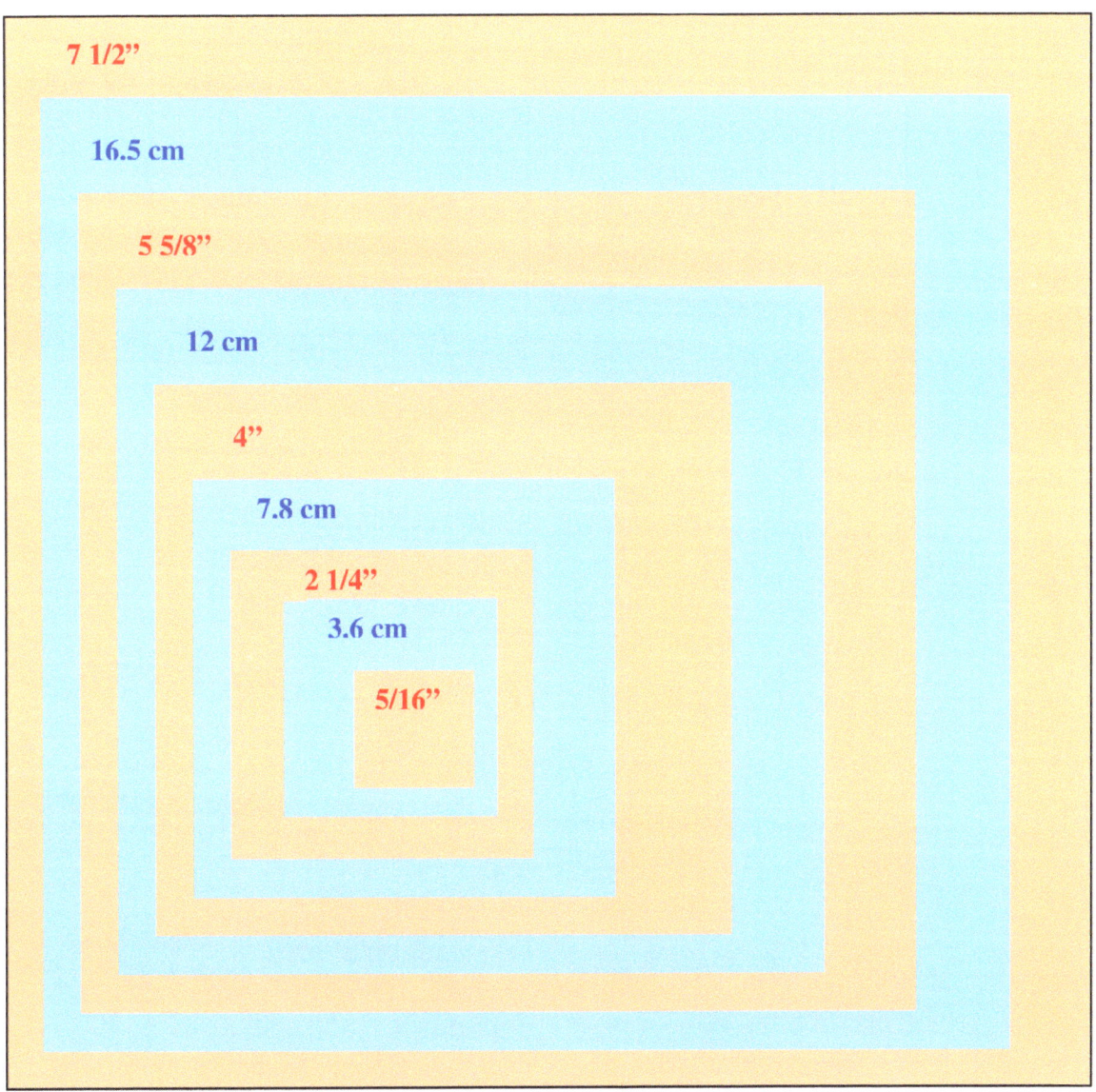

Entendiendo las Unidades de Área

Corta en cartón de colores las diferentes unidades de área utilizando la regla:
9 pies cuadrados (1 pie = 12 por 12 pulgadas) para hacer 1 yarda cuadrada.
Pega dentro de cada pie: 1 decímetro cuadrado (10 por 10 centímetros), 1 pulgada cuadrada y un centímetro cuadrado.
Agrega en diferente color el area necesaria para completar 1 metro cuadrado

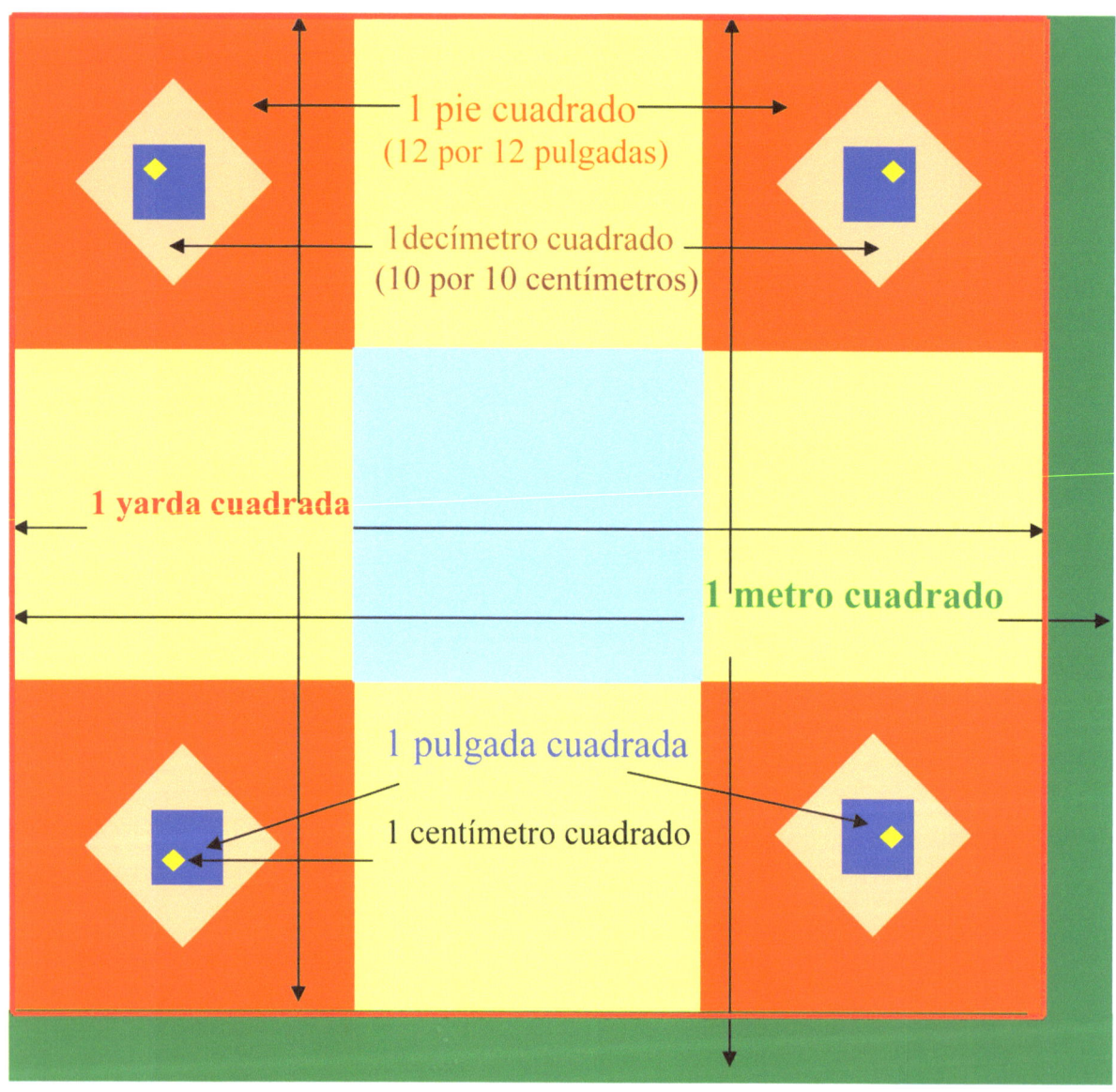

Éste es un buen proyecto de grupo haciendo equipos de 9 estudiantes; cada estudiante recorta un pie cuadrado sobreponiéndole las otras unidades más pequeñas, después se ponen los nueve pies juntos para formar una yarda cuadrada. Al final añaden el área para completar un metro cuadrado.

Tabla para solucionar problemas del Sistema Métrico:

Instrucciones para utilizar la tabla:
- Escribe el número que representa la UNIDAD CONOCIDA en la columna correcta. Ejemplo: en 879 Km el número 9 corresponde a la columna de Km
- Escribe CERO en la columna de UNIDAD DE LA PREGUNTA.
- Si tú empiezas tu cantidad con CERO recuerda que tienes que escribir el PUNTO DECIMAL despues del CERO.
- Completa la tabla llenando con ceros los espacios entre la unidad conocida y la unidad de la pregunta.

LONGITUD				m = metro			
Problema - Escribe:	Km	Hm	Dam	m	dm	cm	mm
2 Km en dm	2	0	0	0	0		
4 m en mm				4	0	0	0
12 Hm en dm	1	2	0	0	0		
214 Dam en mm	2	1	4	0	0	0	0
9 cm en Hm		0.	0	0	0	9	
18 dm en Km	0.	0	0	1	8		
318 mm en Dam			0.	0	3	1	8

CAPACIDAD				l = litros			
Problema - Escribe:	Kl	Hl	Dal	l	dl	cl	ml
7 Hl en ml		7	0	0	0	0	0
12 Kl en dl	12	0	0	0	0		
436 Hl en l	43	6	0	0			
9 Litros en kl	0.	0	0	9			
12 cl en Hl		0.	0	0	1	2	
314 ml in Dal			0.	0	3	1	4
7 dl in l				0.	7		

PESO						g = gramos			
	T			Kg	Hg	Dag	g	dg	cg	mg
5 T en Kg	5	0	0	0						
3 Kg en g				3	0	0	0			
2 Hg en cg					2	0	0	0	0	

TABLA DE CONVERSIÓN DE UNIDADES

Sistema Inglés  y Sistema Métrico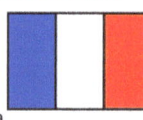

Creado en Inglaterra
Usado en U.S.A.

Creado en Francia
Usado en México y Latinoamérica

SISTEMA INGLES- UNIDADES COMUNES (abreviaciones en inglés)

1 pie (ft) = 12 pulgadas (in), se escribe 1' = 12"
1 yarda (yd) = 3 pies = 36 pulgadas (in)
1 milla (mi) = 1,760 yardas (yd) = 5,280 pies (ft)
1 acre = 43,560 pies cuadrados (ft^2)
1 cucharada gde. (T) = 3 cucharadas pequeñas (t)
1 taza (c) = 16 T = 8 onzas de flúido (fl oz)
1 pinta (pt) = 2 tazas (c)
1 cuarto (qt) = 2 pt = 4c = 32 fl oz
1 galón (gal) = 4 cuartos = 8 pt = 16c = 128 fl oz
1 pie cuadrado (ft^2) = 144 in^2
1 yarda cuadrada (yd^2) = 9 ft^2 = 1,296 in^2
1 acre = 4,840 yd
1 libra (lb) = 16 0nzas (oz)
1 tonelada corta = 2,000 libras (lbs)
1 tonelada larga (T) = 2,240 lbs

MEDIDAS MARINAS
1 braza = 6 pies y 1 milla náutica = 1,013.4 brazas

SISTEMA MÉTRICO

1 metro (m) = 100 centímetros (cm)
1 Kilómetro (Km) = 1,000 m
1 metro cuadrado (m^2) = 10,000 centímetros cuadrados (cm^2)
1 hectárea (ha) = 10,000 metros cuadrados (m^2)
1 "manzana" = 0.698896 hectárea = 7000 metros cuadrados
1 Kilómetro cuadrado (Km^2) = 100 hectáreas (ha)
1 Kilogramo (Kg) = 1,000 gramos (g)
1 tonelada métrica (t) = 1,000 Kilogramos

CONVERSION DE UNIDADES entre los dos SISTEMAS

(Unidad mayor mencionada primero)
1 pulgada (in) = 2.54 centímetros (cm)
1 pie (ft) = 30 centímetros (cm) = 0.304 metros, 1 metro (m) = 1.0936 yardas (yd) = 3.2808 pies (ft)
1 milla = 1.609 Kilómetros, 1 Kilómetro = 0.6214 milla
1 metro cuadrado (m^2) = 10.76 pies cuadrados (ft^2), 1 pie cuadrado = 0.093 metro cuadrado
1 "manzana" = 1.73 acres
1 hectárea = 2.47 acres = 107,600 pies cuadrados, 1 acre = 0.405 hectárea
1 milla cuadrada (mi^2) = 2.59 Kilómetros cuadrados (Km^2)
1 onza (oz) = 28.35 gramos (g)
1 Kilógramo (Kg) = 2.2046 libras (lb)
1 tonelada métrica (t) = 1.1023 Toneladas (T)
1 onzas de flúido (fl oz) = 29.575 mililitros (ml)
1 galón (gal) = 3.785 litros (l)

CONVERSIONES DE GRADOS DE TEMPERATURA

Para convertír FARENHEIT a CELSIUS:
Restar 32, multiplicar por 5 y dividir entre 9

Para converter CELSIUS a FARENHEIT:
Multiplica por 9, divide entre 5 y súmale 32

LA MAQUINA DE CONVERSIÓN DE UNIDADES

El SISTEMA INGLÉS empleado en USA fue inventado en Inglaterra y el SISTEMA MÉTRICO que se usa en latinoamerica fue inventado en Francia. La conversión de unidades es usada muchas veces para solucionar problemas de matemáticas. Observa como funciona la máquina de conversión de unidades; te ayudara a hacer conversiones dentro de cada sistema y tambien entre el sistema métrico y el sistema inglés

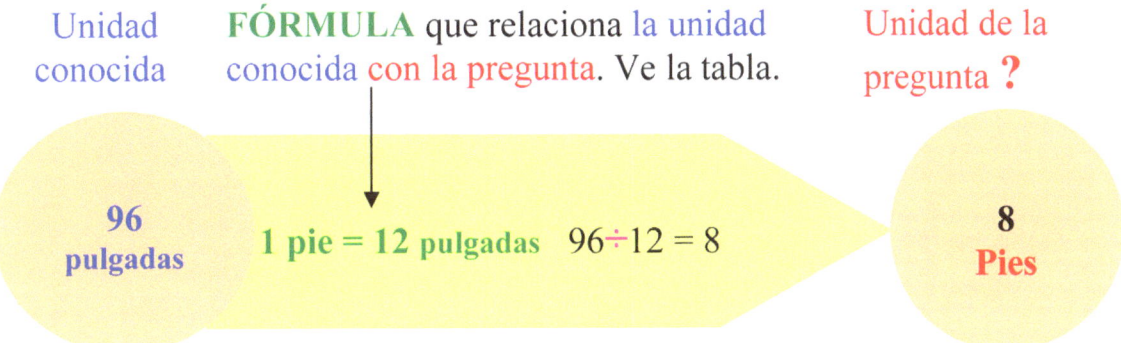

Pregunta: ¿Cuántos pies tenemos en 96 pulgadas?
La unidad conocida PULGADAS es mas pequeña que la unidad de la pregunta PIES es por eso que DIVIDIMOS
Regla que tienes que recordar; si la unidad conocida es mas pequeña que la unidad de la pregunta hay que DIVIDIR

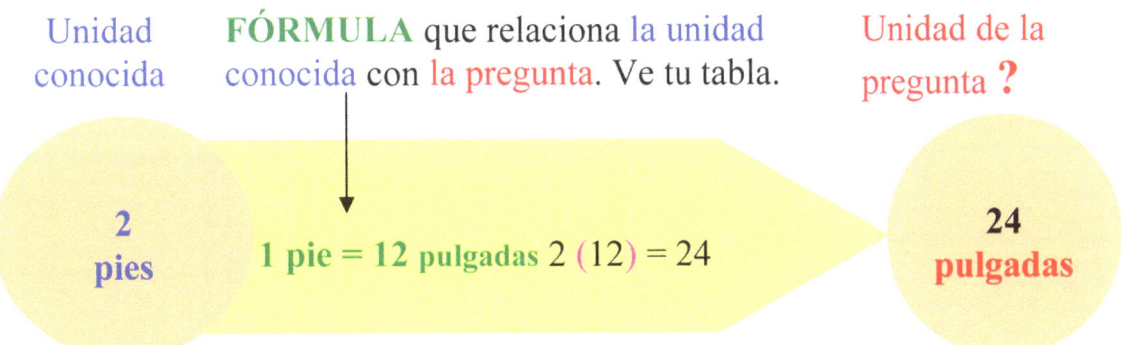

Pregunta: ¿Cuántas pulgadas hay en 2 pies?
La unidad conocida PIES es MAYOR QUE la unidad de la pregunta PULGADAS es por eso que MULTIPLICAMOS
Regla para recordar; si la unidad conocida es mayor que la unidad de la pregunta hay que MULTIPLICAR

¡Crea tu propia maquina para solucionar más problemas!

Usando el TRANSPORTADOR para dibujar POLÍGONOS REGULARES

Basado en el círculo, divide 360° entre el número de lados de cada polígono regular; así encontraras los ángulos para dibujar cada polígono

TRIÁNGULO 360°÷3=120°

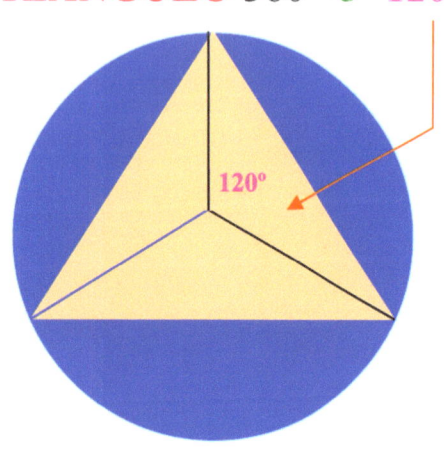

CUADRADO 360°÷4=90°

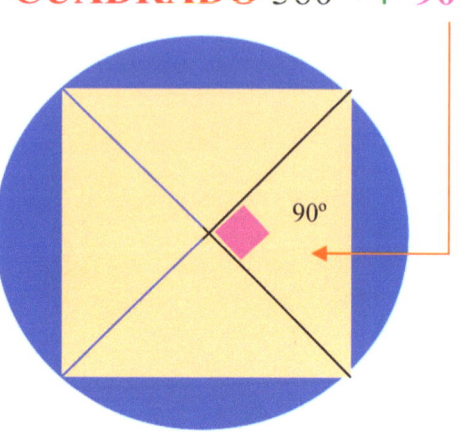

PENTÁGONO 360°÷5=72°

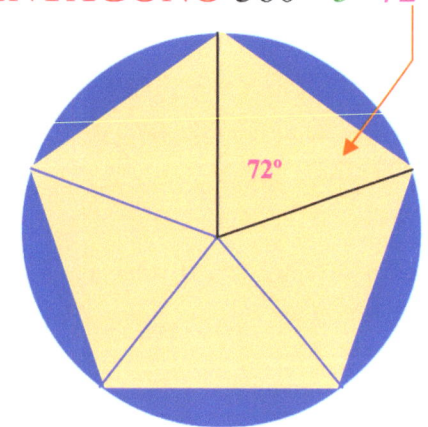

HEXÁGONO 360°÷6=60°

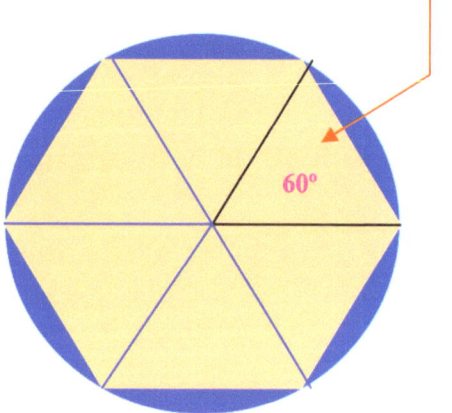

HEPTÁGONO 360°÷7≈51°

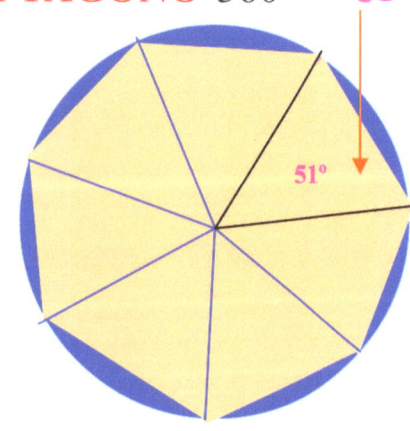

OCTÁGONO 360°÷8=45°

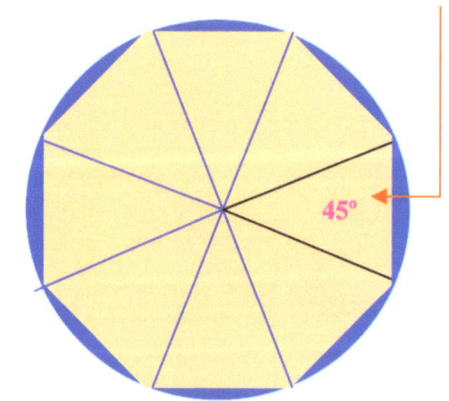

EL PENTÁGONO
y la "CALABAZA"

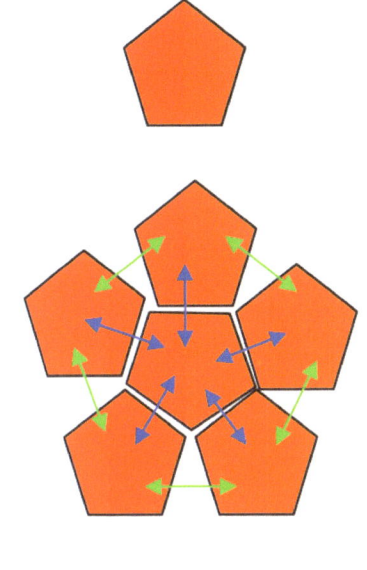

Dibuja un PENTÁGONO REGULAR a partir de un CÍRCULO

Dobla las áreas fuera del pentágono

Usa el pentágono como una plantilla para dibujar 11 pentágonos mas. Usa como base el mismo tamaño de círculo para que sean iguales.

Pon 6 pentágonos juntos utilizando las areas dobladas de los círculos usando algún pegamento de contacto. Los 6 pentágonos juntos formaran una forma de canasta. Esta sera la mitad de la calabaza. Necesitamos otra mitad idéntica para completar el proyecto.

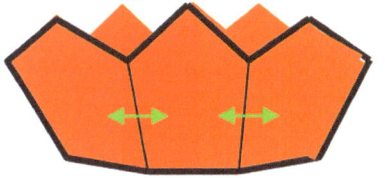

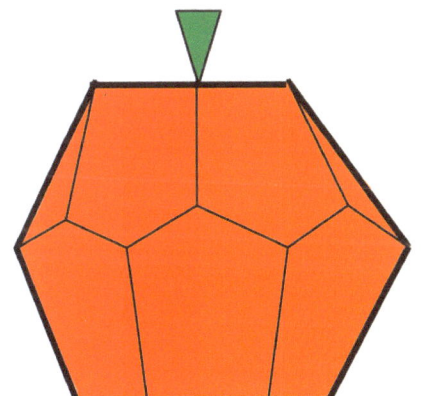

Poniendo las 2 mitades juntas crearás un DODECAEDRO y una CALABAZA

Si quieres puedes decorar tu calabaza para la noche de brujas "Halloween" pintandola con un marcador negro.

Tu conoces muchos objetos que estan hechos a base de polígonos regulares como los balones de futbol y de volleyball que estan hechos a base de pentágonos y exágonos.

Descubriendo la FÓRMULA del RECTÁNGULO

Arriba
LARGO = l

Lado izquierdo
ANCHO = w

1	2	3	4	5	6	7	8
9	10	11	12	13	14	15	16
17	18	19	20	21	22	23	24
25	26	27	28	29	30	31	32

Lado derecho
ALTURA = h

BASE = b

RECTÁNGULO

4 lados: 2 lados llamados BASE ó LARGO
          2 lados llamados ALTURA ó ANCHO

4 ángulos rectos (90 grados)

Nosotros podemos encontrar el ÁREA contando los cuadros = 32
ó multiplicando un lado por el otro.

ÁREA = BASE (ALTURA) $A = bh = 4(8) = 32$

o   ÁREA = LARGO (ANCHO) $A = lw = 4(8) = 32$

Ahora ya conoces el área del rectángulo y la FÓRMULA para encotrarla…

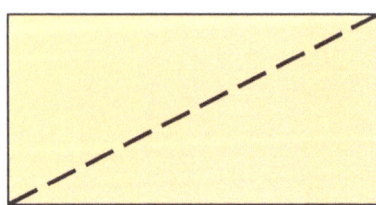

… ¿Que pasaría si cortáramos el rectángulo, en dos partes, llendo desde un vértice hasta el vértice opuesto…?

Descubriendo la FÓRMULA del TRIÁNGULO

Nosotros tenemos un nuevo POLÍGONO…EL TRIÁNGULO

Solo tiene tres lados.

Tenemos 3 ángulos; pero solamente uno de ellos es un ángulo recto que mide 90 grados.

El ÁREA va a ser la mitad del área del rectángulo así que podemos escribir la fórmula del TRIÁNGULO como la BASE multiplicada por la altura pero dividida entre 2

$$A = \frac{bh}{2} = \frac{8(4)}{2} = 16$$

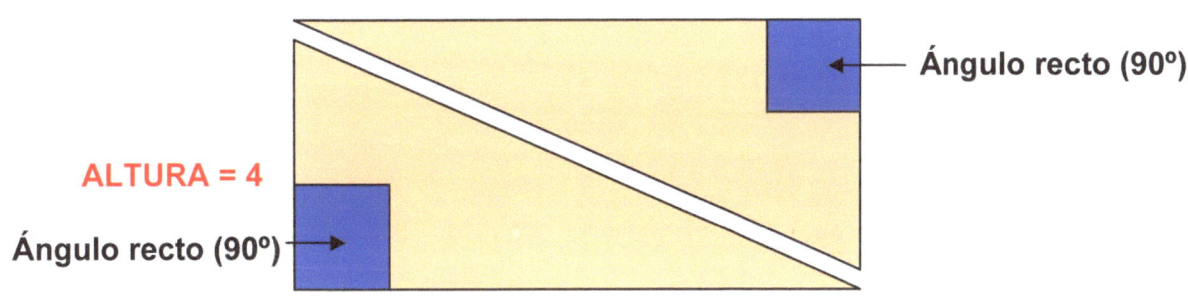

Ángulo recto (90°)

ALTURA = 4

Ángulo recto (90°)

BASE = 8

Todos los TRIÁNGULOS son MITAD de un CUADRILÁTERO…
Nosotros vamos a descubrir FORMULAS para todos los diferentes CUADRILÁTEROS.

Busca la LÍNEA PERPENDICULAR
Esa es la ALTURA…
forma un ángulo recto con la BASE.

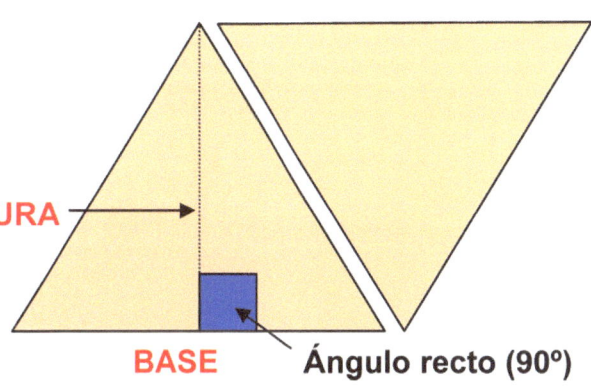

ALTURA

BASE   Ángulo recto (90°)

Descubriendo la FÓRMULA del PARALELOGRAMO

RECTÁNGULO   **PARALELOGRAMO**

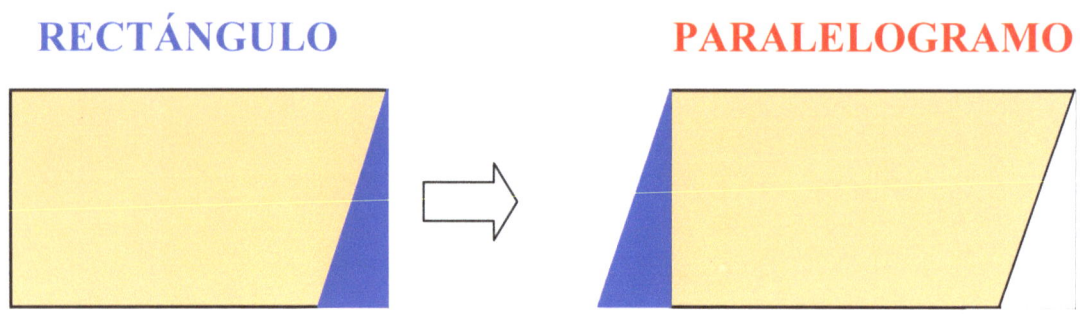

Si nosotros cortamos un triángulo del lado derecho de un rectángulo y lo pegamos del lado izquierdo, vamos a obtener otro cuadrilatero conocido como…

PARALELOGRAMO

La base es paralela al lado de arriba y el lado derecho es paralelo al lado izquierdo.

La base es igual a la del rectángulo.

La altura ya no corresponde al lado izquierdo ó derecho del rectángulo.

Recuerda…¡Si podemos seguir la posición de los ángulos rectos; podremos encontrar la ALTURA!

Nuestra área es la misma del rectángulo

¡Y la fórmula para el área es la misma!

$$A = bh$$

NOTA: **El rectángulo es también un paralelogramo** porque tiene un par de lados que son paralelos entre si. La diferencia entre el rectángulo y el paralelogramo es que el rectángulo tiene cuatro ángulos de (90°). Es por eso que **el paralelogramo no es un rectángulo**.

Descubriendo la FÓRMULA del TRAPEZOIDE

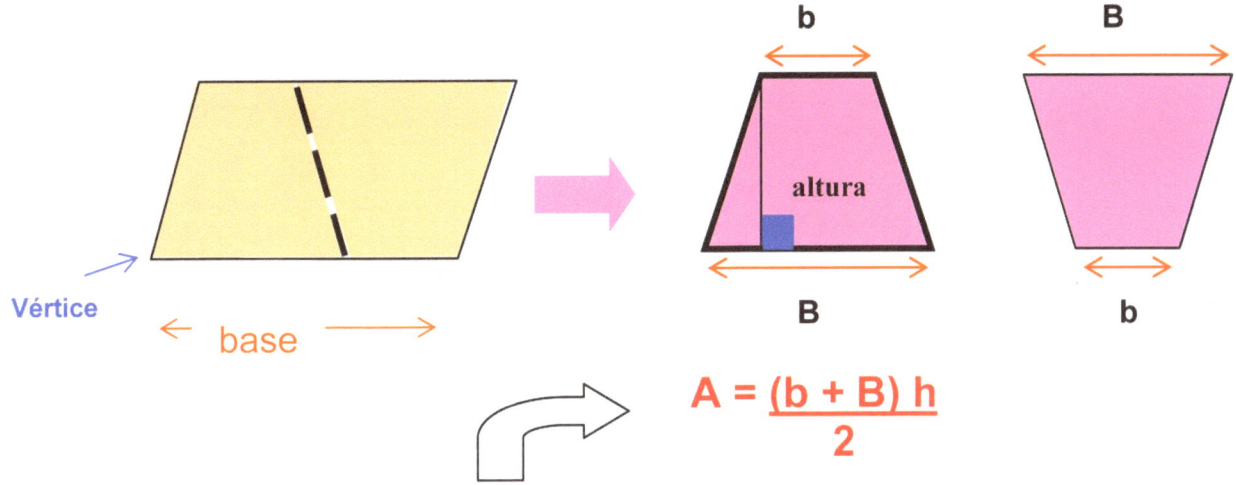

$$A = \frac{(b + B) h}{2}$$

Fórmula del TRAPEZOIDE

> Si nosotros tenemos un paralelogramo y dibujamos una línea diagonal desde arriba hacia abajo que no pasa por ninguno de los vértices, creamos un nuevo polígono…

PARALELOGRAMO ➡ TRAPEZOIDE

Si ponemos 2 trapezoides iguales juntos invertidos el uno con el otro, entonces tenemos un:

PARALELOGRAMO

> Si podemos encontrar el área del paralelogramo y la dividimos entre 2, podremos encontrar el área de uno de los trapezoides…

Sólo necesitamos encontrar la base y la altura…

Área del TRAPEZOIDE = $\frac{\text{Área del PARALELOGRAMO}}{2}$

TRIÁNGULOS

Clasificados por sus lados y **Clasificados por sus ángulos:**

Los ángulos interiores de un triángulo suman 180º

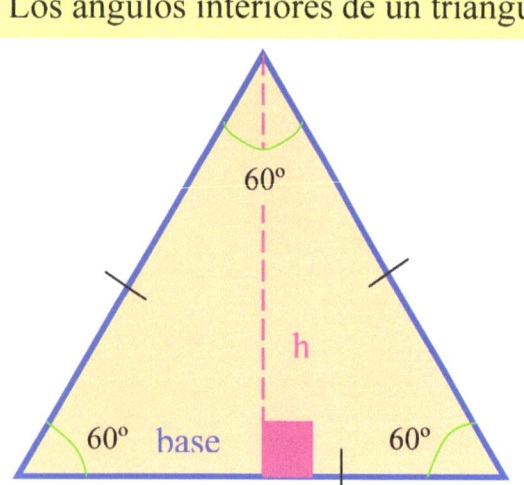
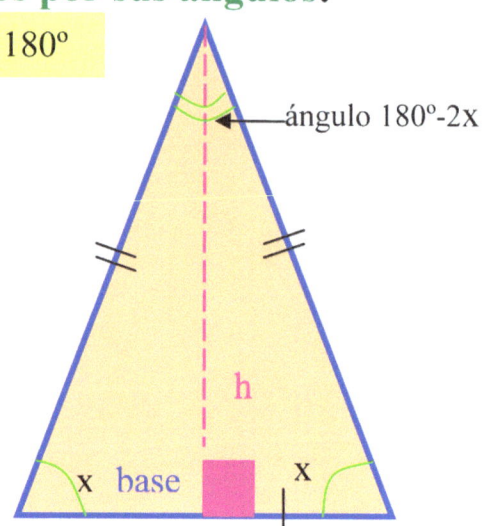

EQUILÁTERO
3 lados congruentes (iguales)
AGÚDO
3 ángulos agúdos de 60º

ISÓCELES
2 lados congruentes (iguales)
AGÚDO
3 ángulos agúdos menor de 90º
2 ángulos congruentes (iguales)

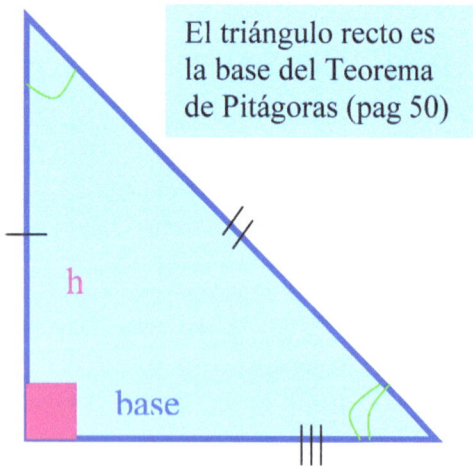

El triángulo recto es la base del Teorema de Pitágoras (pag 50)

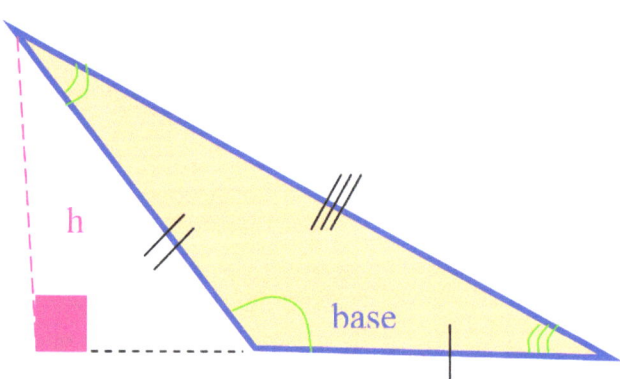

TRIÁNGULO RECTO
1 ángulo recto (90º)
Puede tener 2 lados iguales
o pueden ser los 3 lados diferentes

ESCALENO
Puede tener 2 lados congruentes
o pueden ser 3 lados diferentes
OBTUSO 1 ángulo mayor de 90º

Proyecto: Usando regla, transportador y tijeras, corta los diferentes tipos de triángulos y pégalos con goma en tu cuaderno de notas. Es muy importante incluir el cuadrado que conecta la **base** con la altura "h". El cuadrado representa un ángulo Recto de 90º.

TEOREMA DE PITÁGORAS

$$a^2 + b^2 = c^2 \quad y \quad c = \sqrt{a^2 + b^2}$$

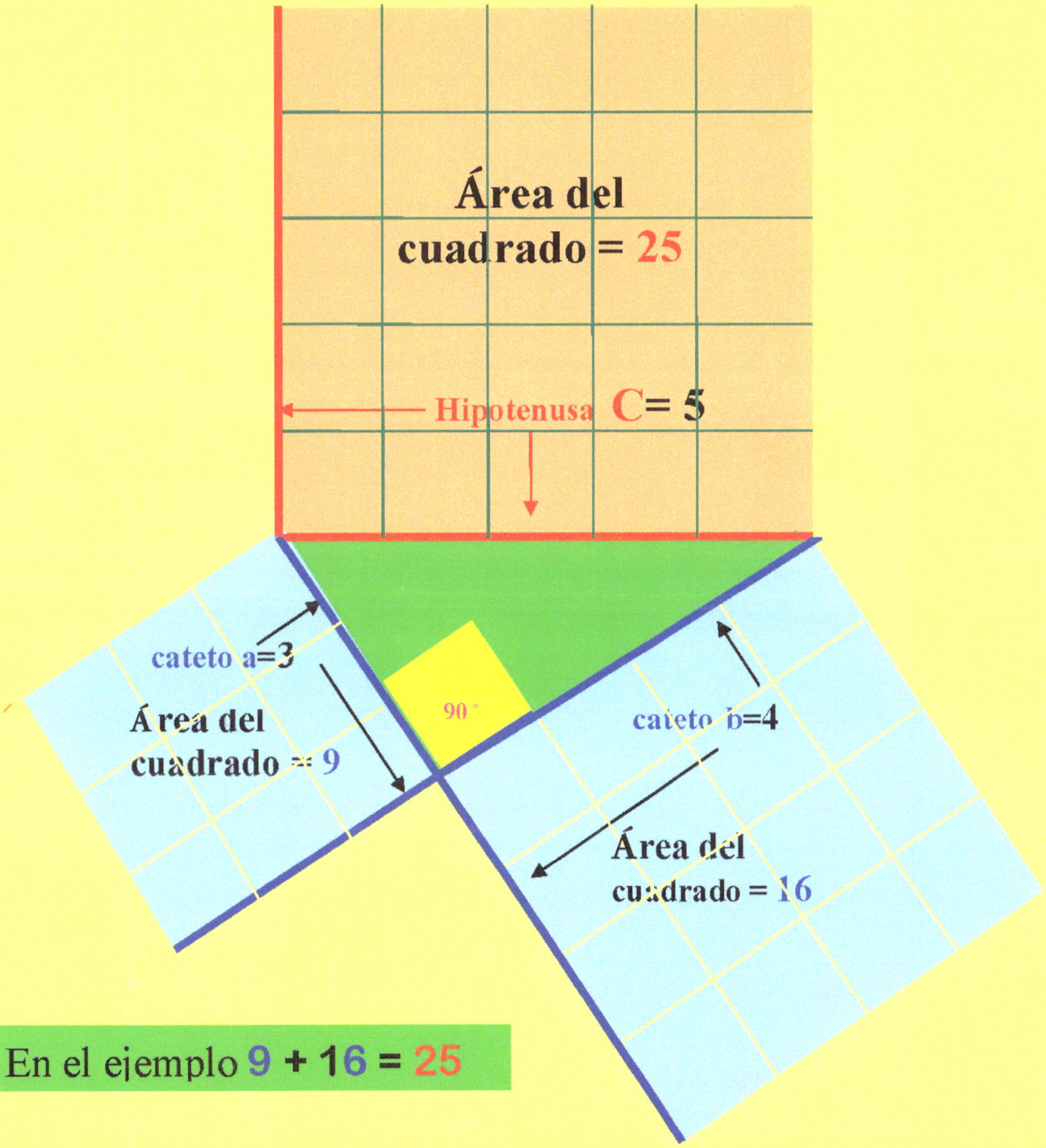

Área del cuadrado = 25

Hipotenusa $C = 5$

cateto $a = 3$

Área del cuadrado = 9

90°

cateto $b = 4$

Área del cuadrado = 16

En el ejemplo 9 + 16 = 25

En cualquier triángulo recto, la suma del cuadrado de los catetos a y b, es igual al cuadrado de la hipotenusa c

CÍRCULO

Corta la circunferencia de 4 círculos en diferentes colores con los siguientes radios: 1 ¾", 1 ½", 3 centímetros y 1.9 centímetros. Dóblalos a la mitad para encontrar su diámetro y si tu los doblas a la mitad una vez más encontraras sus radios.

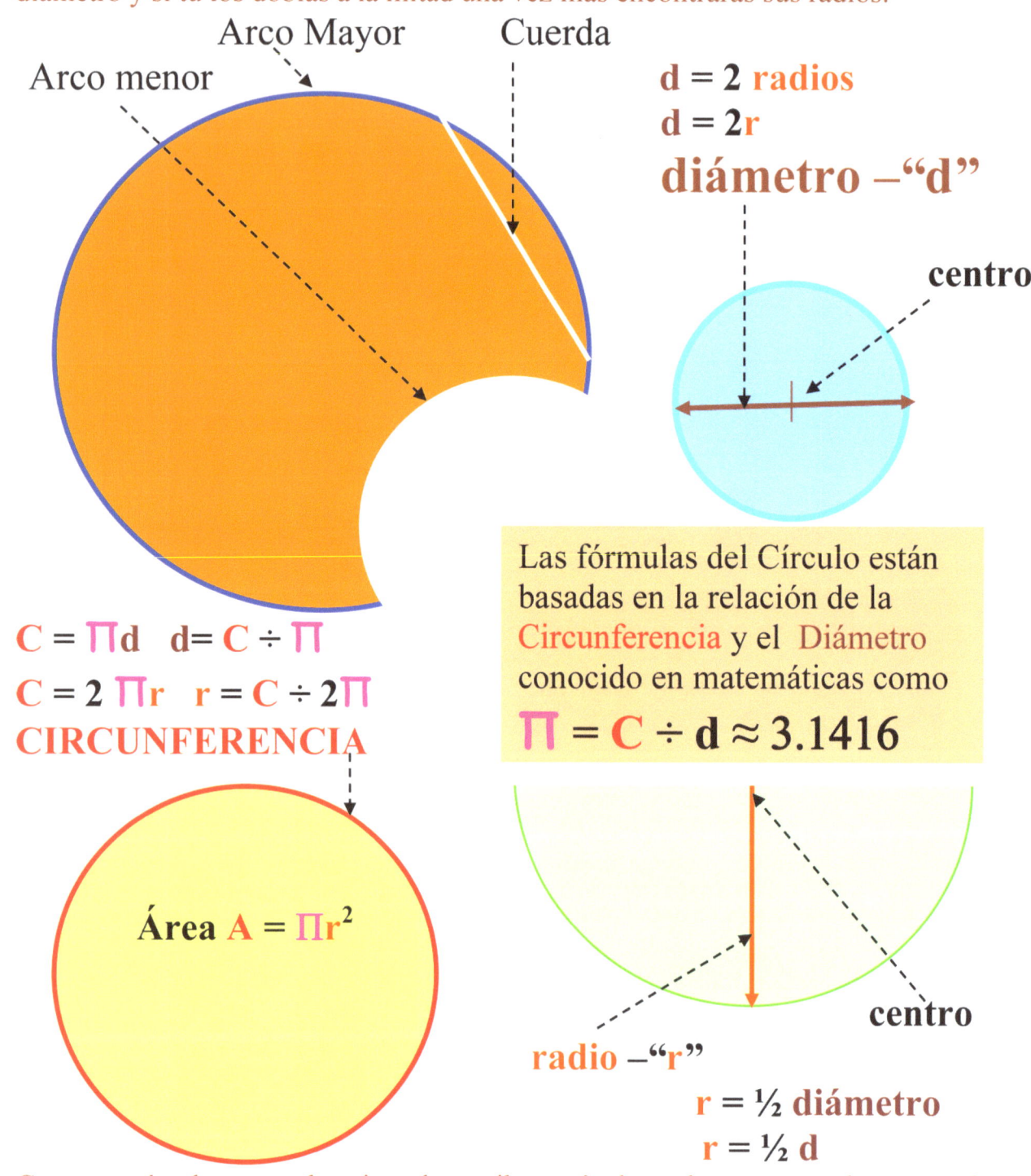

Arco Mayor   Cuerda
Arco menor

d = 2 radios
d = 2r

diámetro –"d"

centro

C = πd   d = C ÷ π
C = 2πr   r = C ÷ 2π
CIRCUNFERENCIA

Las fórmulas del Círculo están basadas en la relación de la Circunferencia y el Diámetro conocido en matemáticas como

$\pi = C \div d \approx 3.1416$

Área A = πr²

radio –"r"   centro

r = ½ diámetro
r = ½ d

Corta tus círculos como los ejemplos arriba y pégalos sobre otro papel para usarlo como tus notas...¡Ahora ya tienes el círculo en tus manos!

ÁREA DE SUPERFICIE

Área de superficie es la suma de todas las caras de cualquier figura volumétrica

l=8 cm
h=6 cm
w=2 cm

Área de superficie -"S.A." de un Prisma rectangular es la suma de las áreas de sus diferentes caras:
- La base y la tapa
- Las caras izquierda y derecha
- Las caras de adelante y atrás

Recuerda las diferentes fórmulas :
CUADRADO es $A = s^2$
RECTÁNGULO es A = lw or bh
TRIÁNGULO es $A = bh \div 2$
CÍRCULO es $A = \pi r^2$

Largo l=8

Base y tapa   Ancho w=2

Área de la Base = 2(8) = **16 cm**
Área de la Tapa = 2(8) = **16 cm**

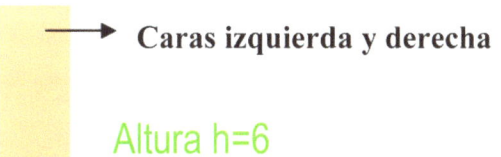

Caras izquierda y derecha

Altura h=6

Ancho w=2

Área cara izquierda = 2(6) = **12 cm**
Área cara derecha = 2(6) = **12 cm**

Caras enfrente y atrás

Altura h=6

Largo l=8

Área cara de enfrente = 8(6) = **48 cm**
Área cara de atrás = 8(6) = **48 cm**

Área de superficie = 16+16+12+12+48+48=152 cm^2

¿Puedes encontrar el área de superficie de una caja de cereal?

VOLUMEN
DE PRISMAS y CILINDRO
El Área de la Base multiplicada por la Altura "H"

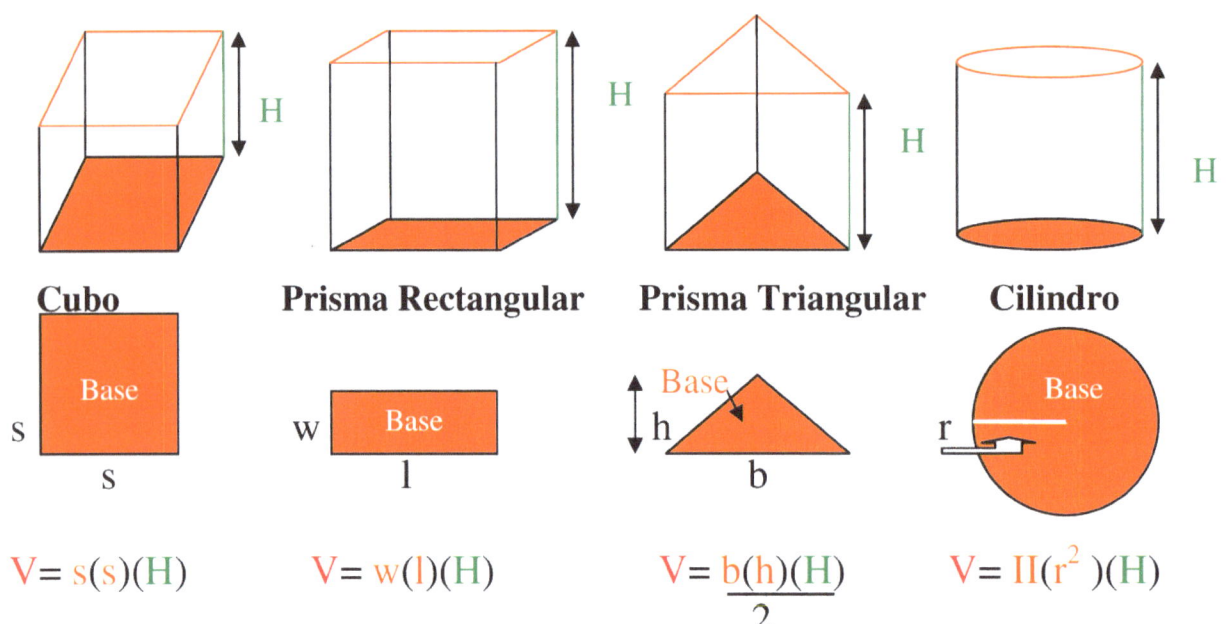

Cubo	Prisma Rectangular	Prisma Triangular	Cilindro
$V = s(s)(H)$	$V = w(l)(H)$	$V = \dfrac{b(h)(H)}{2}$	$V = \Pi(r^2)(H)$

VOLUMEN
DE PIRAMIDES y CONO
$\frac{1}{3}$ de el Área de la Base multiplicada por la Altura "H"

Visita la página de comparando Cilindro y Cono para entender porque 1/3

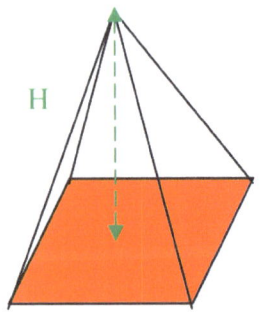 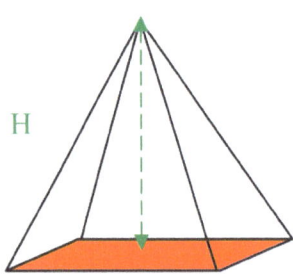 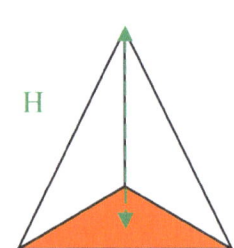 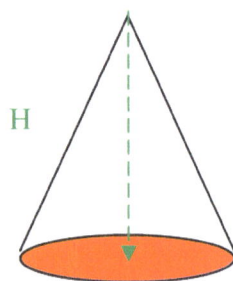

Pirámide Cuadrada (Base cuadrada)	Pirámide Rectangular (Base rectangular)	Pirámide Triangular (Base triangular)	Cono (Base circular)
$V = \frac{1}{3}(s)(s)(H)$	$V = \frac{1}{3}(w)(l)(H)$	$V = \frac{1}{3}\dfrac{(b)(h)(H)}{2}$	$V = \frac{1}{3}\Pi(r^2)(H)$

CILINDRO

Plantilla para construir un CILINDRO con la misma Base y Altura de un CONO comercial.

Dimensiones del Cilindro:
Diámetro = 8.2 cm.
Altura = 10.3 cm.
Área de la superficie del Cilindro
Suma de las áreas:
- Área tapa = 52.78 cm^2
- Área base = 52.78 cm^2
- Área de la cara = 264.71 cm^2
- Área de la Sup. = 370.27 cm^2

Tapa y Base
ÁREA A = π r^2
A = 3.14 (4.1)(4.1)
= 52.78 cm^2

Diámetro d = 8.2 cm

Circunferencia C = π d
C = 3.14(8.2) = 25.7 cm

Dimensiones del Cono comercial:
Diámetro = 8.2 cm.
Altura = 10.3 cm

La altura del Cilindro necesita ser la misma que la altura de un cono comercial para que pueda ser usado en el proyecto de volumen (Pag. 55) "Comparando Cono y Cilindro".

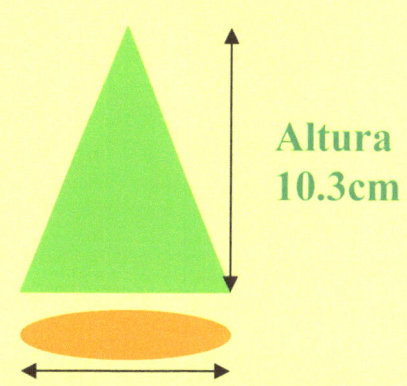

Altura 10.3cm

Diámetro = 8.2cm
Circunferencia = 8.2(π) = 25.7cm
(Recuerda que la Circunferencia representa el largo de la cara del Cilindro)

Área de la Cara del Cilindro:
A = Largo multiplicado por la **altura**
A = 25.7cm (10.3cm) = 264.71 cm^2

VOLUMEN del Cilindro
V = Área de la base (Altura)
V = 52.78 cm^2 (10.3 cm)
V = 543.63 cm^3

Comparando el VOLUMEN de CONO con CILINDRO

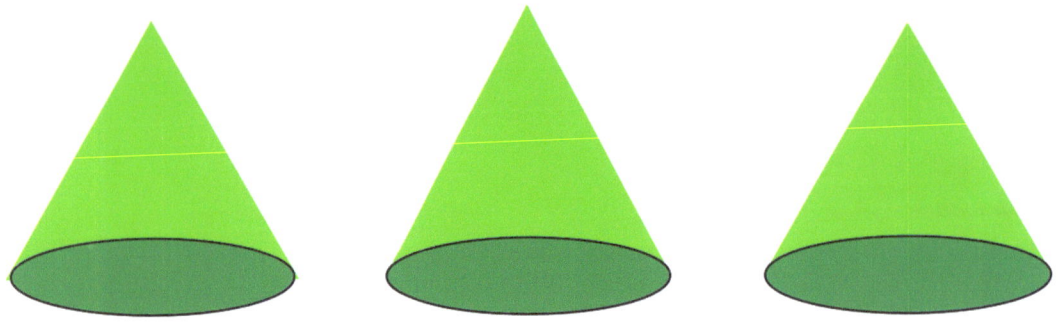

El Volumen de 3 CONOS = El Volumen de 1 CILINDRO
(Cuando sus bases y alturas son las mismas)

VOLUMEN del CONO = $\dfrac{1}{3}$ VOLUMEN del CILINDRO

Experimento a):
Vamos a construir un CILINDRO con la misma BASE y la misma Altura de un CONO comercial.
Vamos a llenar 3 CONOS con arroz y vaciarlos dentro del CILINDRO.

Experimento b): Corta el Cono como se muestra en el dibujo y vas a descubrir que la Área de Superficie de la cara del Cono es igual a una tercera parte del área de un Círculo.
 Piensa... ¿Cuál es la relación?

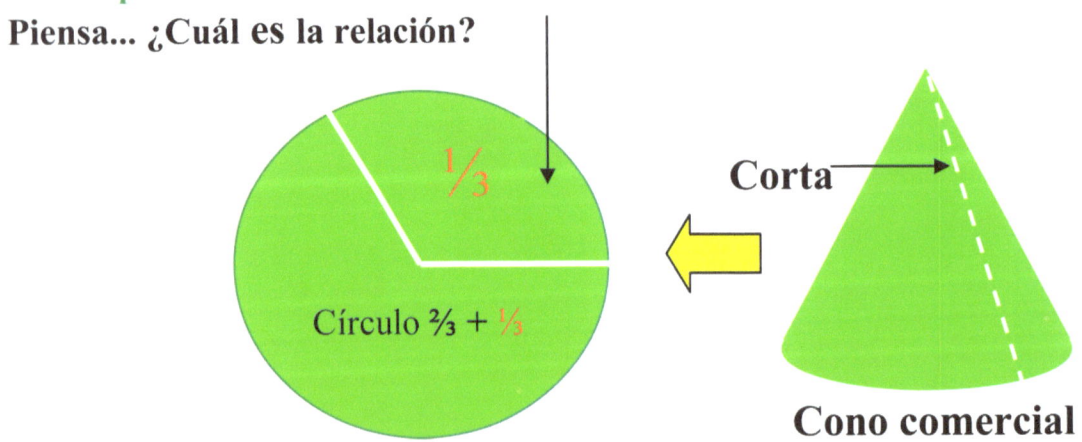

EL MÓVIL eslabón entre geometría y álgebra

Corta en carton las siguientes figuras geométricas y construye un MÓVIL en EQUILIBRIO. Comienza con un rectángulo 10 cms. por 20 cms. y área de 200 cm² :

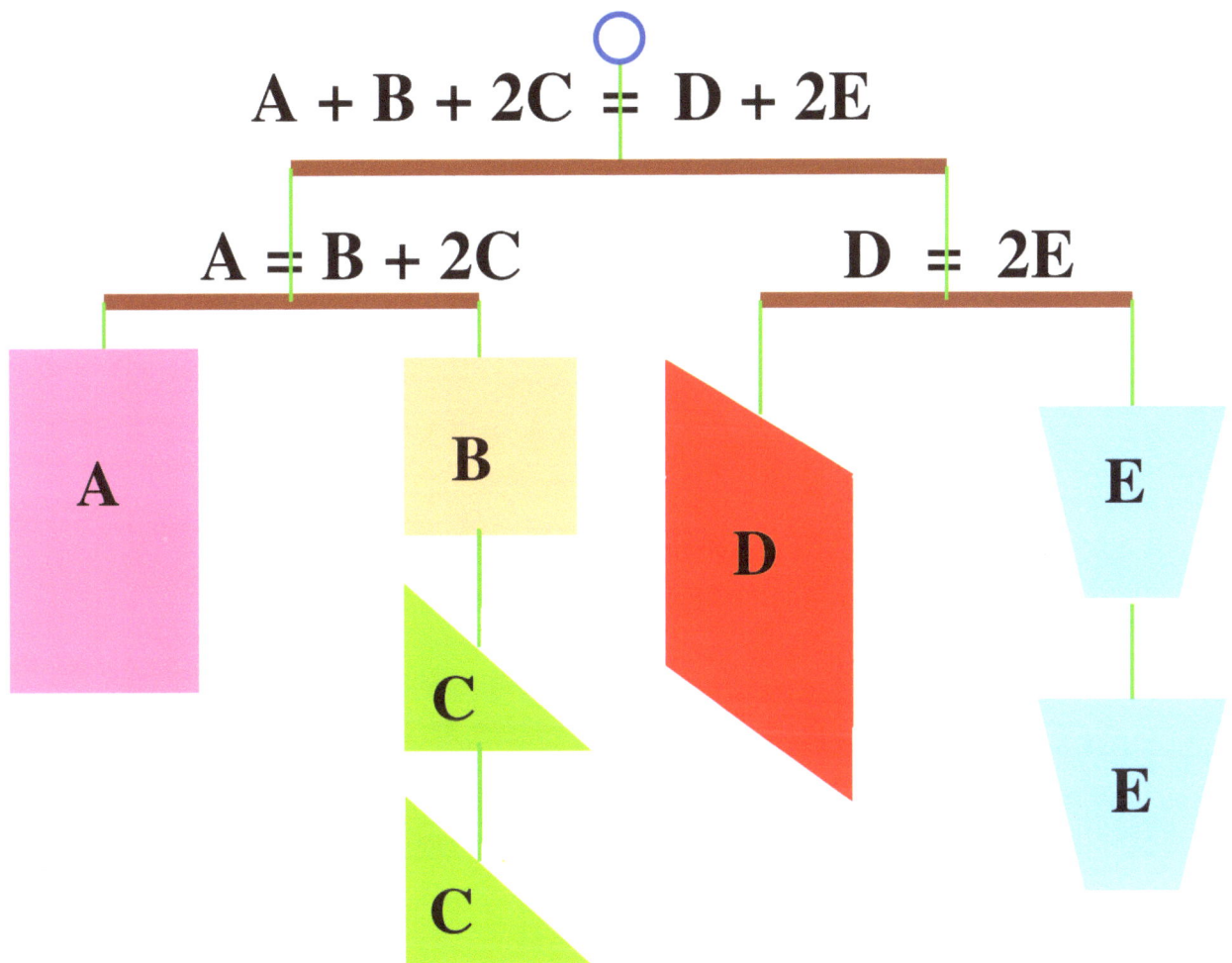

Las ÁREAS de los diferentes POLÍGONOS están en EQUILIBRIO.

A = B + 2C

El área del RECTANGULO = El área del CUADRADO
 + el área de 2 TRIANGULOS.

D = 2 E

El área del PARALELOGRAMO = el área de 2 TRAPEZOIDES

A + B + 2C = D + 2E

Las áreas del RECTÁNGULO + CUADRADO + 2 TRIÁNGULOS son iguales a las áreas del PARALELOGRAMO + 2 TRAPEZOIDES.

EL LENGUAJE DEL ÁLGEBRA y el fantasma.

Álgebra es una rama de las matemáticas que incluye el uso de variables para expresar reglas acerca de números, relaciones entre números y operaciones.

En álgebra escribimos números y letras
FANTASMA...algunas veces no escribimos números o signos

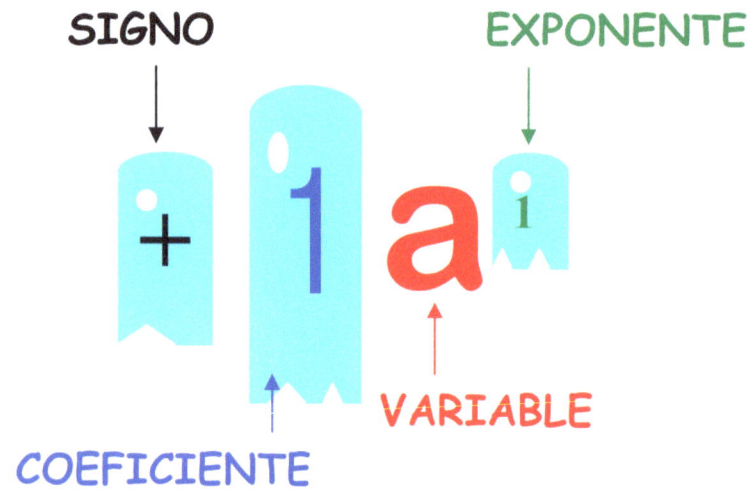

Coeficiente es la parte numérica de un término con variable o variables
Variable es una letra que representa uno o más números
Otros FANTASMAS:

$$\underline{6} \;,\; -5(a) \;,\; x(y) \;,\; a(b)(c)(d)$$

EL denominador 1   El signo de multiplicación entre:

- Un coeficiente y una variable
- entre una o más variables

Expresión algebráica: Una expresión que consiste de números y variables, y de operaciones por hacer.

Ejemplo: $3x + 2y^3 - 5$ ← **Constante** es un número sin variable

El Móvil y ECUACIONES DE SUMA

Antes de empezar a solucionar una ecuación, tu puedes rotarla para que la variable esté del lado izquierdo. En el móvil se puede ver que el equilibrio es el mismo :

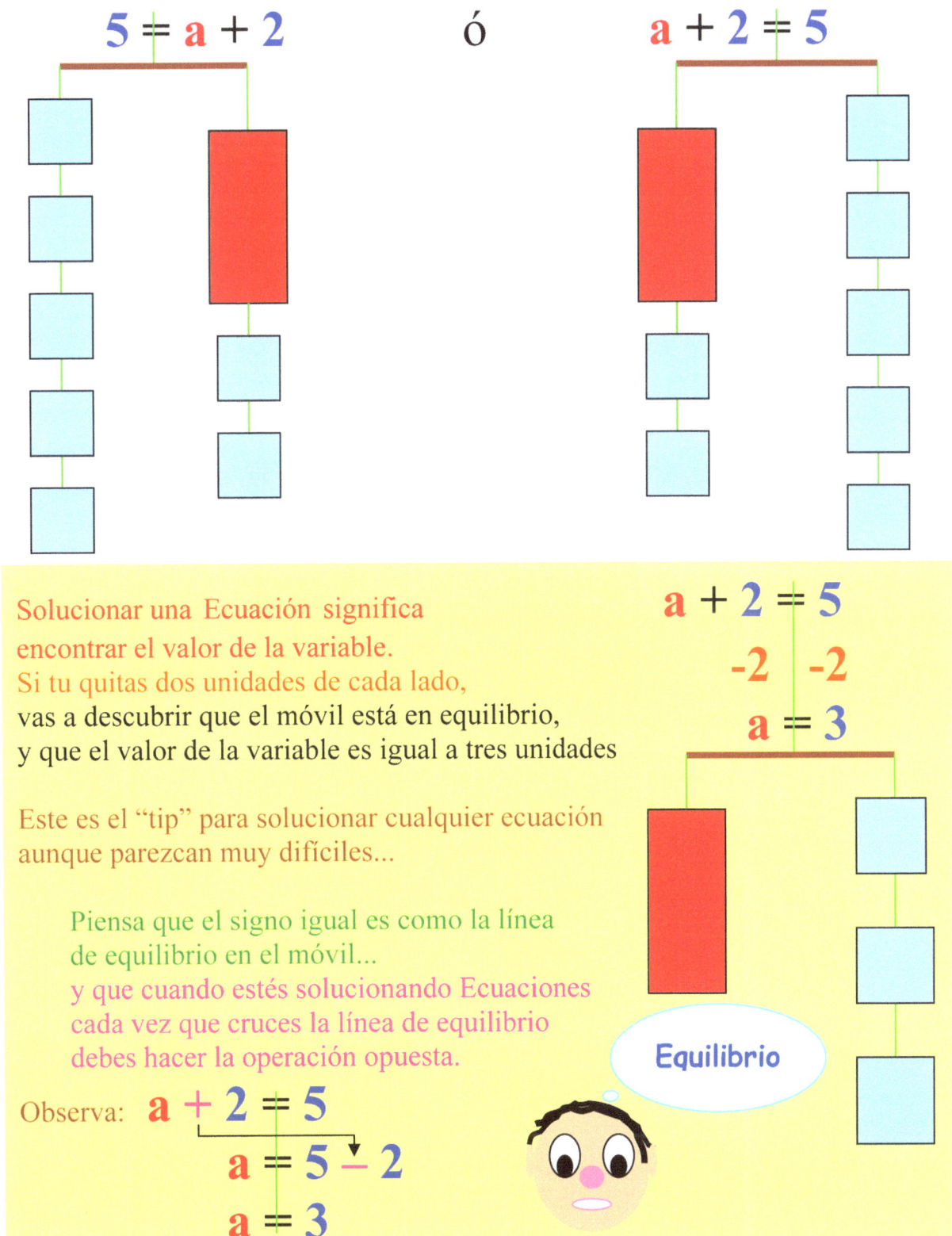

Solucionar una Ecuación significa encontrar el valor de la variable.
Si tu quitas dos unidades de cada lado, vas a descubrir que el móvil está en equilibrio, y que el valor de la variable es igual a tres unidades

Este es el "tip" para solucionar cualquier ecuación aunque parezcan muy difíciles...

Piensa que el signo igual es como la línea de equilibrio en el móvil...
y que cuando estés solucionando Ecuaciones cada vez que cruces la línea de equilibrio debes hacer la operación opuesta.

Observa:
$$a + 2 = 5$$
$$a = 5 - 2$$
$$a = 3$$

El Móvil y ECUACIONES DE MULTIPLICACIÓN

La belleza del móvil es que nos ayuda a entender el por qué las ecuaciones son expresiones matemáticas en equilibrio. Ve como trabaja con multiplicación:

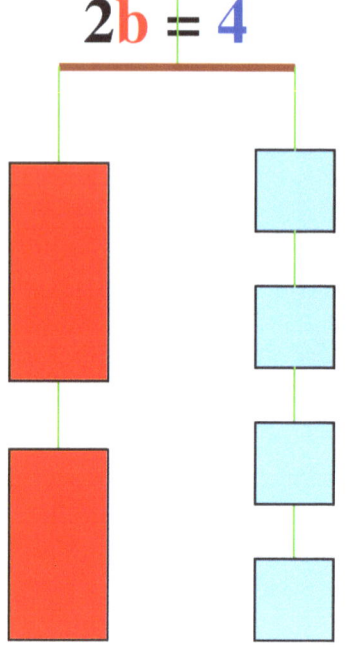

$$2b = 4$$

$$\frac{2b}{2} = \frac{4}{2}$$

$$b = 2$$

Equilibrio!

Solucionar la Ecuación significa encontrar el valor de una variable.
Si tu quitas la mitad de las unidades de cada lado, vas a descubrir que…¡móvil está en equilibrio!
Y el valor de una variable es igual a dos unidades.

Usemos el mismo sistema para solucionar las ecuaciones de multiplicación; pero ahorremonos un paso...
 Piensa que el signo igual es la línea de equilibrio.
 Cuando soluciones la ecuación cada vez que cruces la línea de equilibrio solo debes hacer la operación opuesta.
 Fíjate como el coeficiente 2 que estaba multiplicando del lado izquierdo está dividiendo del lado derecho.

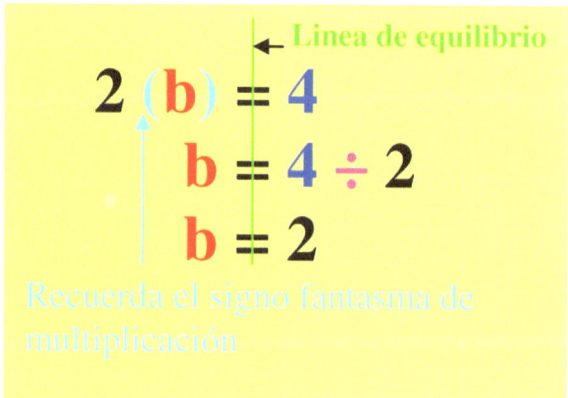

← Línea de equilibrio

$$2(b) = 4$$
$$b = 4 \div 2$$
$$b = 2$$

Recuerda el signo fantasma de multiplicación

Vamos a continuar solucionando ecuaciones haciendo operaciones opuestas.
Mira los ejemplos en la siguiente página y ve como solucionar ecuaciones simples de: suma, resta, multiplicación y división.

Solución de ECUACIONES simples

Una Ecuación es una expresión de igualdad entre dos cantidades.

Después de observar la solución de ecuaciones en el "móvil"; nosotros vamos a seguir un sistema para resolver las ecuaciones tan solo recordando hacer la operación opuesta cada vez que crucemos la línea de equilibrio de la ecuación.

Suma

$a + 2 = 4$

$a = 4 - 2$

$a = 2$

La operación opuesta de la suma es la resta.

Resta

$b - 3 = 5$

$b = 5 + 3$

$b = 8$

La operación opuesta de la resta es la suma.

Multiplicación

$2c = 4$

$2(c) = 4$ ← fantasma

$c = \dfrac{4}{2}$

$c = 2$

La operación opuesta de la multiplicación es la división.

División

$\dfrac{d}{3} = 6$

$d = 6(3)$

$d = 18$

La operación opuesta de la división es la multiplicación.

Recuerda rotar la ecuación cuando sea necesario para que la variable esté en el lado izquierdo de la ecuación.

Fíjate como en el "móvil" de ecuaciones idénticas (pagina 58) ...
el equilibrio es el mismo si rotas los términos.

Solución de DESIGUALDADES

Si el signo junto al coeficiente es positivo, soluciona la desigualdad como cualquier ecuación simple.
 (Recuerda el signo positivo fantasma y el fantasma coeficiente 1)
Ejemplos:

+1a + 6 > 12
  a > 12 – 6
  a > 6

a es mayor que 6

+1b – 4 < 9
  b < 9 + 4
  b < 13

b es menor que 13

+2c ≤ 8
  c ≤ 8 ÷ 2
  c ≤ 4

c es igual o menor que 4

x ÷ 3 ≥ 7
  x ≥ 7 (3)
  x ≥ 21

x es igual o mayor que 21

Si el signo junto al coeficiente es negativo, cuando tú soluciones la ecuación vas a multiplicar o dividir por un número negativo, y tienes que cambiar la dirección de la DESIGUALDAD. Fíjate en los ejemplos:

–2m ≤ 8
  m ≥ 8 ÷ (–2)
  m ≥ – 4

m es igual o mayor que –4

y ÷ –3 > 12
  y < 12 (–3)
  y < – 36

y es menor que -36

Escribiendo EXPRESIONES ALGEBRAICAS

Expresiones Algebraicas son "Variables" (letras) y "Constantes" (números) haciendo operaciones…recuerda que el Factor numérico de una variable es el "Coeficiente"

Problemas del mundo real donde vivimos pueden ser escritos como expresiones algebraicas. Observa algunos Ejemplos:

AT&T tiene un plan para el costo de un teléfono celular que ofrece una tarifa fija de $20 mas 4 centavos por minuto. *Tu escribes:* $0.04x + 20$

La fórmula para el volumen de una pirámide rectangular es una tercera parte del área de la base multiplicada por la altura. *Tu escribes:* $V = \frac{1}{3}lwh$

Nosotros seguimos algunas reglas cuando *escribimos* Expresiones Algebraicas:

- Seguimos el orden alfabético (a, b, c, d, e,…etc.)
  $2a + 5b - 3c$
- Escribimos del exponente mayor al menor de mismas variables (5, 4, 3, 2,…)
  $5a^3 + 2a^2 + 3a$
- Las "Constantes" (números sin variables) se escriben al final
  $7a^8 + 5a^4 + 2b^{14} - 8$

Las Expresiones Algebraicas tienen nombres dependiendo del número de "Términos". Los **Términos** estan separados por signos $+$ ó $-$

MONOMIOS = Un término
5 ó xy ó $7ab^3$

BINOMIOS = Dos términos
$a + 5$ or $x - y$ or $7ab^3c^2 - 3fg$ or $a^9 - a^2$

TRINOMIOS = Tres términos
$a^2 + 2ab + b^2$

POLINOMIOS = Una suma de un número determinado de monomios.
$x^3 - 5xy + y$ or $a^4 + 3a^2b - 3ab^2 - b^7$

Diferencia entre **EXPRESIONES Y ECUACIONES**
La diferencia es que la Ecuación tiene una respuesta

$5x + 7$ es una Expresión Algebraica $5x + 7 = 12$ es una Ecuación

SUMAS EN ÁLGEBRA-Reglas & Ejemplos

Sólo se pueden sumar términos iguales...
- Con las mismas variables
- Que tengan el mismo exponente

$1a^3 + 1a^3 = 2a^3$

No se pueden sumar diferentes variables alfabéticas

$1x + 1y = x + y$

No se pueden sumar variables con números

$1b + 5 = b + 5$

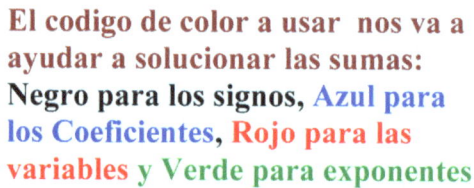

El codigo de color a usar nos va a ayudar a solucionar las sumas: Negro para los signos, Azul para los Coeficientes, Rojo para las variables y Verde para exponentes

Como hacerlo...
SIGNOS:
- Sigue las reglas para la suma de números positivos y negativos
- Recuerda el signo + fantasma cuando sea necesario

COEFICIENTES:
- Suma únicamente los coeficientes de los terminos iguales
- recuerda el coeficiente 1 fantasma cuando sea necesario

VARIABLES:
- No cambian. ¡NO CAMBIES LOS EXPONENTES!
- Recuerda ordenar tu respuesta en orden alfabético, comenzando con el exponente mayor

$$+2a + 3a = +5a$$

$-4xy^5 - 6xy^5 = -10xy^5$

$+5y^2 + 3x^4 - 2y^2 - 7x^4 = -4x^4 + 3y^2$

$-8ab^7 + 6ab^7 = -2ab^7$

$-3a^6 + 8b^9 - 5b^9 - 9 + 1a^6 = -2a^6 + 3b^9 - 9$

MULTIPLICACIÓN EN ALGEBRA-Reglas & Ejemplos

Tú puedes multiplicar todo en álgebra …
- Iguales ó diferentes variables alfabéticas
- Con el mismo o diferente exponente

Recuerda el codigo:
Negro para los signos
Azul los coeficientes
Rojo las Variables
Verde los exponentes

Como hacerlo…
SIGNOS:
- mismas reglas de multiplicación para los números positivos y negativos
- recuerda el signo + fantasma

COEFICIENTES:
- multiplícalos
- recuerda el coeficiente 1 fantasma cuando sea necesario

VARIABLES:
- SUMA los EXPONENTES de las mismas variables alfabéticas
- recuerda ordenar tu respuesta en orden alfabético
- comienza con el exponente mayor

$a \cdot a \cdot a = +1a^1 \cdot +1a^1 \cdot +1a^1 = +1a^3 = a^3$

Suma los exponents de las mismas variables

Multiplica los Coeficientes

$-4x^7y^2(-6x^2y^4) = +24x^9y^6$

$-8a^1b^6(+6a^2b^4) = -48a^3b^{10}$

$-3a^5(-5b^4-9)$ significa $-3a^5(-5b^4)$ y $-3a^5(-9) = +15a^5b^4+27a^5$

Estrategia para multiplicar un binómio por otro binómio: multiplica el 1er término del 1er binómio por los dos términos del 2do binómio, despues multiplica el 2do término del 1er binómio por los dos términos del 2do binómio

$(+2y^2+3)(+4x^4-3y^1) = +8x^4y^2-6y^3+12x^4-9y^1$

DIVISIÓN EN ÁLGEBRA - Reglas y Ejemplos

Tú puedes dividir todo en álgebra …
- Iguales o diferentes variables alfabéticas
- Con el mismo o diferente exponente

Como hacerlo…

SIGNOS:
- Mismas reglas de división de números positivos y negativos
- Recuerda el signo + fantasma

Sigue el color codigo:
Negro para signos
Azul para Coeficientes
Rojo para variables
Verde para exponentes

COEFICIENTES:
- Divídelos
- Recuerda el coeficiente 1 fantasma

VARIABLES:
- RESTA los EXPONENTES de las mismas variables alfabéticas. Recuerda el exponente 1 fantasma
- Recuerda ordenar tu respuesta en orden alfabético
- Comienza con el exponente mayor

$$+12a^8 \div +3a^6 = +4a^2$$

$-24x^7y^5 \div -8x^4y^2 = +3x^3y^3$

$+75y^6 \div -25y^{12} = -3y^{-6}$ ó $\dfrac{-3}{y^6}$

$-8a^3b^8 \div +2a^3b^5 = -4b^3$

$-30a^9b^{12}c^6 \div +15a^4b^{12}c^2 = -2a^5c^4$

$+6x \div -3 = -2x$

$\dfrac{+21x^{10}y^{15} - 18x^9y}{3x^{10}y^{10}} = 7y^5 - 6x^{-1}y^{-9}$ ó $7y - \dfrac{6}{xy^9}$

POTENCIAS EN ÁLGEBRA - Reglas y Ejemplos

Son multiplicaciones repetidas; pero escritas usando exponentes...

$2 \cdot 2 \cdot 2 \cdot 2 = 2^4 \qquad 3a \cdot 3a \cdot 3a = (3a)^3 \qquad -5x(-5x) = (-5x)^2$

El ( ) significa que el exponente afecta a la expresión completa

Como hacerlo...

Negro para signos, Azul para Coeficientes, Rojo Variables y Verde para los Exponentes

SIGNOS:
- Si el signo del término algebraico es POSITIVO la respuesta es siempre Positiva (+)
- Si el signo del termino algebraico es NEGATIVO hay dos reglas:
  Exponentes PARES (2, 4, 6...etc), la respuesta es Positiva (+)
  Exponentes NONES (1, 3, 5...etc), la respuesta es Negativa (-)
- Recuerda el signo + fantasma cuando sea necesario

COEFICIENTES:
- Multiplica el coeficiente base tantas veces como sea descrito por el exponente
- Recuerda el coeficiente 1 fantasma cuando sea necesario

VARIABLES:
- Multiplica los EXPONENTES de cada variable por el EXPONENTE del término algebráico
- Recuerda ordenar tus respuestas en orden alfabético, comenzando con el exponente mayor

Ejemplos:

$(+12a^1)^2 = +144a^2$

1(2)

12(12)

Observa el diagrama de operaciones...

Observa el signo positivo fantasma y el exponente 1 fantasma

$(-2x^3y^4)^4 = +16x^{12}y^{16}$ Observa el término algebraico negativo, exponente PAR

$(-5a^6b^5)^3 = -125a^{18}b^{15}$ Observa el término algebraico negativo, exponente NON

$(+3k^1m^2p^4)^3 = +27k^3m^6p^{12}$ Observa el término algebraico positivo fantasma y el exponente 1 fantasma

EXPONENTES – Reglas y Ejemplos:

$10^0 = 1$ $0.5^2 = 0.5 \cdot 0.5 = \mathbf{0.25}$

$10^1 = 10$ $(2/3)^2 = (2/3)(2/3) = \mathbf{4/9}$

$-10^2 = -(10 \cdot 10) = \mathbf{-100}$

Base negativa sin paréntesis respuesta = **– (negativa)**

Base negativa dentro del paréntesis: Fíjate en el exponente:

$(-10)^2 = (-10)(-10) = \mathbf{+100}$ exponente par = +

$(-10)^3 = -10(-10)(-10) = \mathbf{-1000}$ exp. non = –

Exponentes negativos:

$10^{-1} = 1/10^1$ exponente negativo $a^{-n} = 1/a^n$

$1/10^{-1} = 10^1$ denominador exponente negativo $1/a^{-n} = a^n$

HACIENDO OPERACIONES CON EXPONENTES:

Para multiplicación suma los exponentes $a^m \cdot a^n = a^{m+n}$

$10^2 \cdot 10^3 = 10^{2+3=5} = \mathbf{10^5}$

$10^{-3} \cdot 10^5 = 10^{-3+5=2} = \mathbf{10^2}$

$10^{-4} \cdot 10^{-3} = 10^{-4+-3=-7} = \mathbf{10^{-7}} = 1/10^7$

Para división resta los exponentes $a^m/a^n = a^{m-n}$

$10^4/10^2 = 10^{4-2=2} = \mathbf{10^2}$

$10^5/10^{-3} = 10^{5-(-3)=5+3=8} = \mathbf{10^8}$

$10^{-4}/10^{-2} = 10^{-4-(-2)=-4+2=-2} = \mathbf{10^{-2}} = 1/10^2$

Potencias de Potencias multiplica los exponentes $(a^m)^n = a^{mn}$

$(10^3)^4 = 10^{3 \cdot 4 = 12} = \mathbf{10^{12}}$

ECUACIONES de 2 PASOS con multiplicación

VARIABLES	=	NÚMEROS

← Línea de equilíbrio

18	=	3 a + 6

Rota la ecuación para que las variables queden del lado izquierdo

3 a + 6	=	1 8

Transfiere el número al lado de los números y recuerda hacer la operación opuesta

3 a	=	18 - 6

Efectuar las operaciones de suma o resta

3 (a)	=	12

Cambia el coeficiente pegado a la variable al lado de los números haciendo la operación opuesta

a	=	12 / 3

Nota: Recuerda que hay un signo FANTASMA de multiplicación entre un número y una variable. Fíjate en el ejemplo.

Efectúa la operación de división

a	=	4

Nota: Siempre sigue las reglas de los signos cuando trabajes con números positivos y negativos, los pasos son los mismos.

ECUACIONES de 2 PASOS con división

| VARIABLES | = | NÚMEROS |

← Línea de equilíbrio

| 28 | = | $X/-3 - 5$ |

Rota la ecuación para que las variables queden del lado izquierdo

| $X/-3 - 5$ | = | 28 |

Transfiere el número al lado de los números y recuerda hacer la operación opuesta

| $X/-3$ | = | $28 + 5$ |

Efectua tus operaciones de suma o resta

| $X/-3$ | = | 33 |

Cambia el coeficiente dividiendo la variable al lado de los números haciendo la operación opuesta

| X | = | $33(-3)$ |

Recuerda que el signo del denominador se mantiene cuando es transferido al otro lado de la ecuación. Sigue las reglas de los SIGNOS para operaciones de números positivos y negativos

Efectúa tu operación de multiplicación

| X | = | -99 |

ECUACIONES de 2 PASOS con términos iguales

VARIABLES	=	NÚMEROS

← Línea de equilíbrio

-9m +11 +2m +6	=	-3 -8 +7m

Efectúa todas las operaciones que se puedan en ambos lados de la ecuación.

- 7m + 17	=	- 11 + 7m

Transfiere los números al lado de los números y las variables al lado de las variables.
Recuerda hacer las operaciones opuestas

- 7m - 7m	=	- 11 - 17

Efectua las operaciones de suma y/o resta

- 14 (m)	=	- 28

Cambia el coeficiente de la variable al lado de los numeros haciendo la operación opuesta

m	=	- 28 / - 14

Recuerda: Hay un signo FANTASMA de multiplicación entre un número y una variable, y las reglas de operaciones con signos positivos y negativos.

Efectúa tu operación de división

m	=	2

ECUACIONES de 2 PASOS con términos iguales y fracciones

VARIABLES	=	NÚMEROS

← Línea de equilíbrio

$b/4 - 3 - 9$	=	$-b/2 + 5 + 1$

Efectuar todas las operaciones posibles en ambos lados de la ecuación

$b/4 - 12$	=	$-b/2 + 6$

Transferir los números al lado de los números y los terminos con variables al lado de las variables.
…Recuerda hacer la operación opuesta

$b/4 + b/2$	=	$6 + 12$

Efectúa tus operaciones de suma y/o resta

★ $(3/4)\,b$	=	18

Cambia el coeficiente de la variable al lado de los números haciendo la operación opuesta

b	=	$18 \div 3/4$

→ ¾ b es lo mismo que 3b/4

Recuerda: Hay un signo fantasma de multiplicación entre el coeficiente ¾ y la variable b. Las reglas de operación con números positivos y negativos

Efectua la operación de división $18 \div 3/4 = 18(4/3) = 72/3 = 24$

b	=	24

PLANO de COORDENADAS - Transformaciones

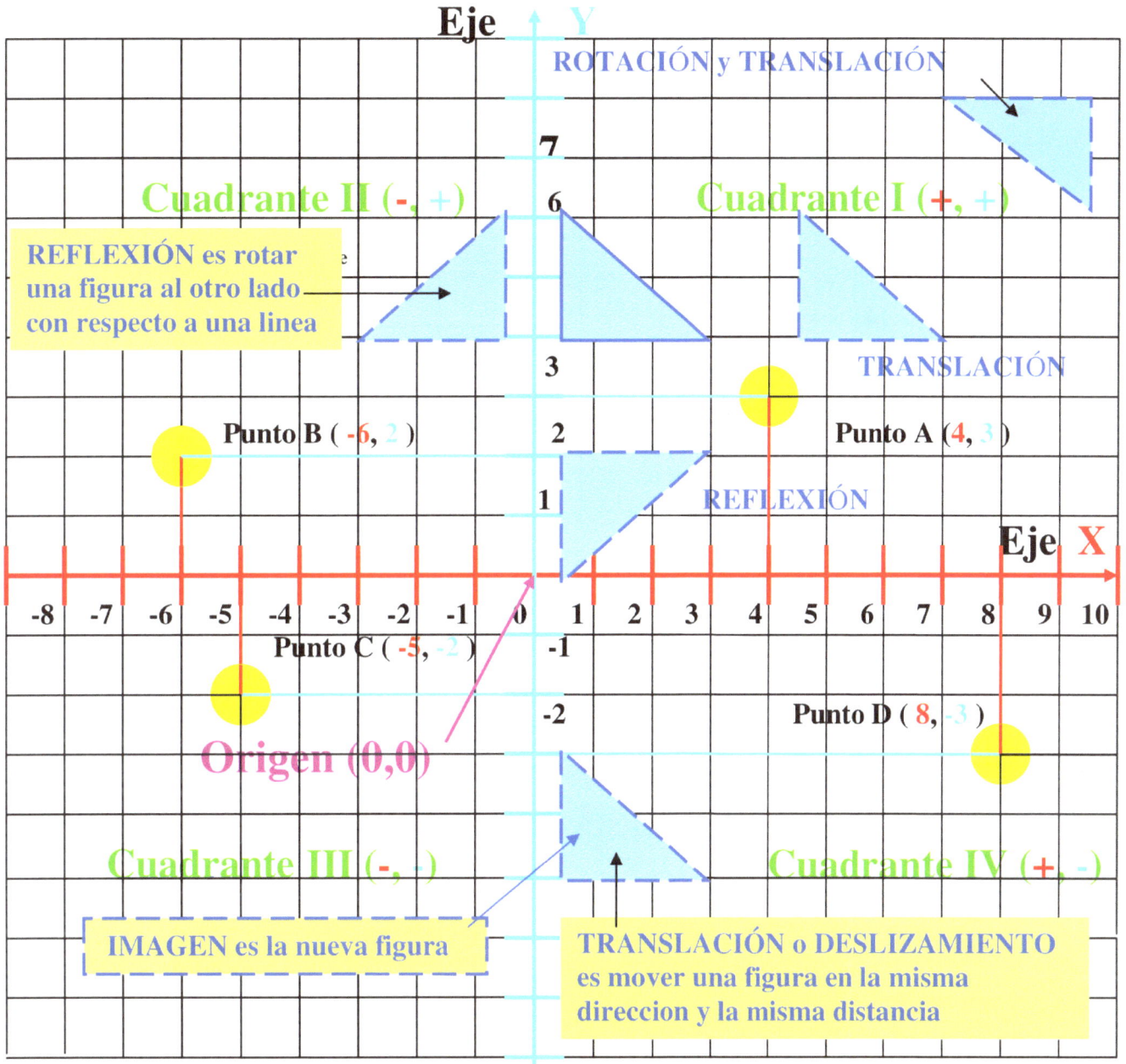

El Plano de Coordenadas nos ayuda a representar puntos gráficamente. Cada punto tiene 2 coordenadas (un par ordenado)

Ejemplos: Punto A (4, 3)   Punto B (-6, 2)
              Punto C (-5, -2)   Punto D (8, -3)

La primera coordenada es X, la segunda coordenada es Y

Entendiendo el Plano de Coordenadas nos ayudará a estudiar TRANSFORMACIONES que son problemas de: TRANSLACIÓN, REFLEXIÓN y ROTACIÓN de figuras en imagenes.

Ecuaciones Lineales

Ecuaciones Lineales son :
Ecuaciones con dos variables a la primera potencia que aparecen en términos separados.
Son funciones lineales porque se puede encontrar la solución a través de dar un valor a una de las variables llamada el "dominio" para encontrar el valor de la otra variable llamada el "rango".
En general tienen más de una solución, y podemos escribirlas en tres diferentes formas:

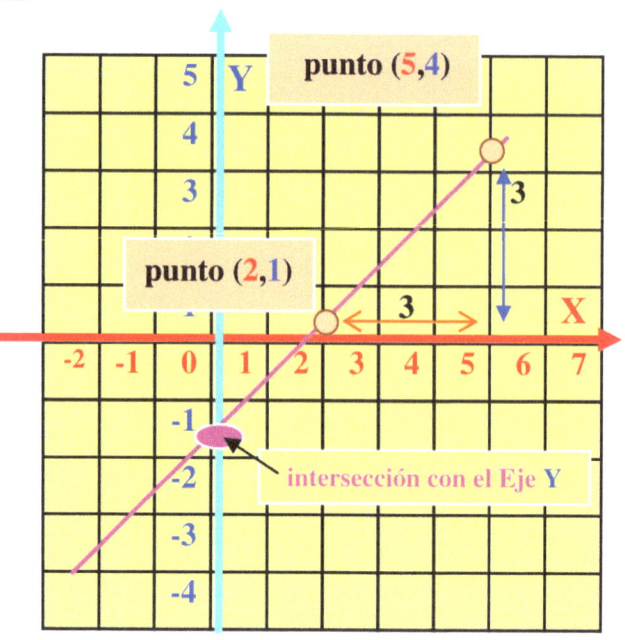

FORMA de un PUNTO y la PENDIENTE

$y - y_1 = m(x - x_1)$

(x_1, y_1) representa un punto de la línea ... Ejemplo: Punto (5,4)

m es la PENDIENTE   En el ejemplo: $\dfrac{\text{Cambio Vertical}}{\text{Cambio Horizontal}} = \dfrac{3}{3}$

$m = \dfrac{y_2 - y_1}{x_2 - x_1}$ (x_1, y_1) y (x_2, y_2) son dos puntos en la línea

FORMA PENDIENTE – INTERSECCIÓN con el EJE Y

$y = mx + b$ ← b representa la intersección con el eje Y

FORMA STANDARD

$Ax + By = C$ $A > 0$ (es un número positivo)

B y C pueden ser números positivos o negativos

Nota: Una línea con $m = 0$ es una LINEA HORIZONTAL

Una línea con $m =$ indefinida es una LÍNEA VERTICAL

FUNCIONES

Una función es una relación (x,y) en la cual cada elemento en el dominio (x) está emparejado con sólo un elemento en el rango (y)
La prueba de la línea vertical nos puede ayudar a determinar cuando una relación es una función; solo debe cruzar la gráfica en un solo punto (x,y)
Ejemplos de algunas funciones lineales y exponenciales con sus gráficas:

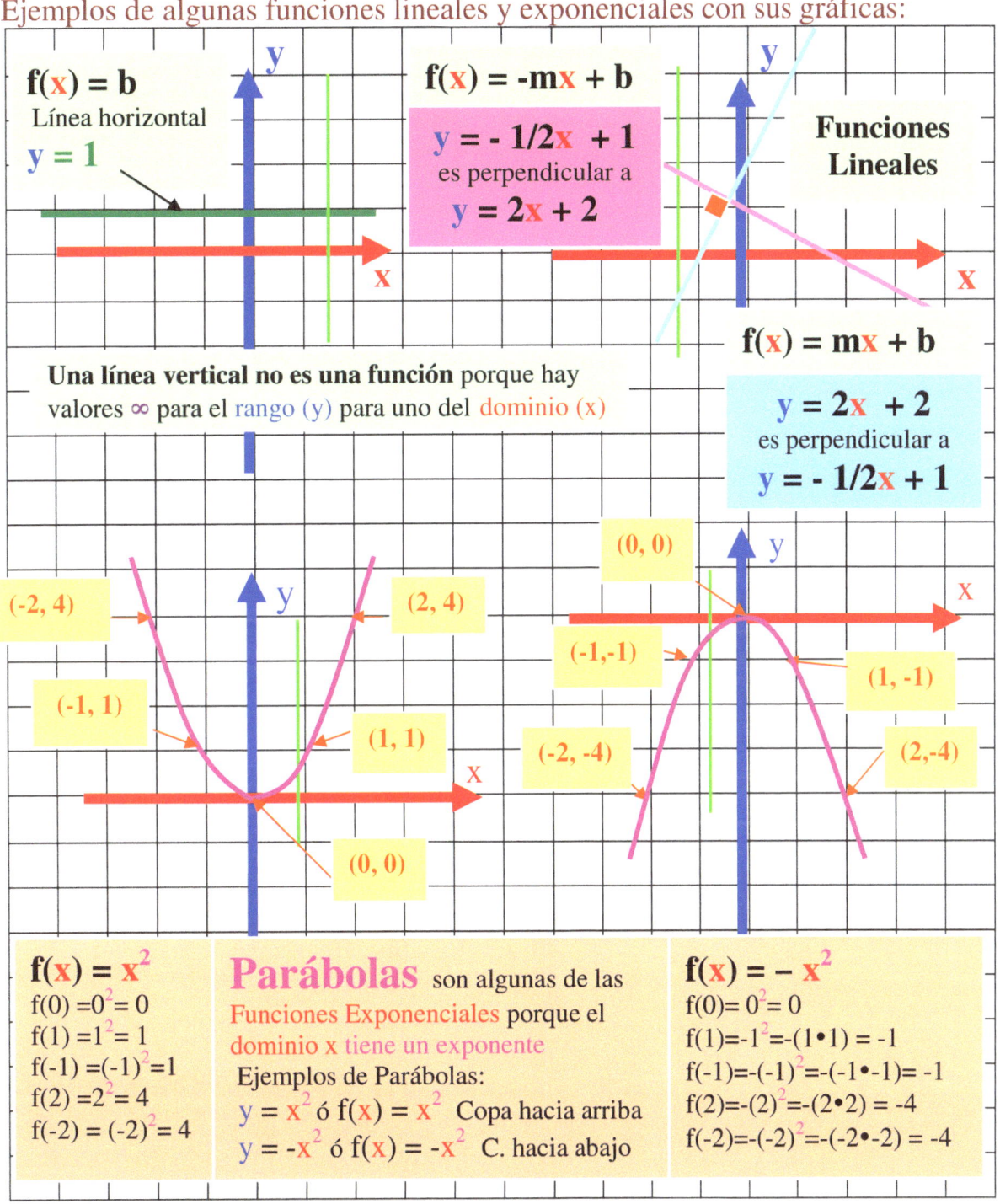

f(x) = b
Línea horizontal
y = 1

f(x) = -mx + b
y = - 1/2x + 1
es perpendicular a
y = 2x + 2

Funciones Lineales

f(x) = mx + b
y = 2x + 2
es perpendicular a
y = - 1/2x + 1

Una línea vertical no es una función porque hay valores ∞ para el rango (y) para uno del dominio (x)

f(x) = x²
f(0) = 0² = 0
f(1) = 1² = 1
f(-1) = (-1)² = 1
f(2) = 2² = 4
f(-2) = (-2)² = 4

Parábolas son algunas de las Funciones Exponenciales porque el dominio x tiene un exponente
Ejemplos de Parábolas:
y = x² ó f(x) = x² Copa hacia arriba
y = -x² ó f(x) = -x² C. hacia abajo

f(x) = – x²
f(0) = 0² = 0
f(1) = -1² = -(1•1) = -1
f(-1) = -(-1)² = -(-1•-1) = -1
f(2) = -(2)² = -(2•2) = -4
f(-2) = -(-2)² = -(-2•-2) = -4

Descubriendo SECUENCIAS.

SECUENCIAS son las formas ordenadas en que números, cosas u objetos crecen o decresen AUMENTANDO o DISMINUYENDO…

FÓRMULA que describe el aumento o la disminución

S E C U E N C I A

↓	**1**	**2**	**3**	**4**
n	1	2	3	4
n^2	1 1(1)=1	4 2(2)=4	9 3(3)=9	16 4(4)
n^3	1(1)(1)= 1	2(2)(2)= 8	3(3)(3)=27	4(4)(4)=64
$n+1$	1+1= 2	2+1= 3	3+1= 4	4+1= 5
$2n$	2(1)= 2	2(2)= 4	2(3)= 6	2(4)= 8
n^2+1	1(1) +1= 1+1=2	2(2) +1= 4+1=5	3(3) +1= 9+1=10	4(4) +1= 16+1=17

www.ingramcontent.com/pod-product-compliance
Lightning Source LLC
Chambersburg PA
CBHW051023180526
45172CB00002B/447